普通高等教育“十三五”规划教材

物理化学实验

朱洪涛　杨丽娟　编著

北　京
冶金工业出版社
2019

内 容 提 要

本书是在校内讲义《物理化学实验》基础上，综合多年的教学实践并参阅了相关教材编写而成。全书包括绪论、误差和数据表达、实验仪器、基础实验、综合性实验以及附录六部分内容。15 个基础实验涵盖了化学热力学、化学动力学、电化学、表面化学等物理化学的主要内容。5 个综合性实验旨在训练学生综合应用所学物理化学知识独立分析和解决实际问题的能力。

本书可作为高等院校化学、化工、环境、材料、石油、生物、医学、食品等专业教学实验用书，也可供其他相关专业使用，并可作为科研和工程技术人员的参考用书。

图书在版编目(CIP)数据

物理化学实验/朱洪涛，杨丽娟编著. —北京：冶金工业出版社，2019. 9

普通高等教育“十三五”规划教材

ISBN 978-7-5024-8146-9

Ⅰ. ①物… Ⅱ. ①朱… ②杨… Ⅲ. ①物理化学—化学实验—高等学校—教材 Ⅳ. ①O64-33

中国版本图书馆 CIP 数据核字（2019）第 144421 号

出 版 人　谭学余
地　　址　北京市东城区嵩祝院北巷 39 号　邮编　100009　电话　(010)64027926
网　　址　www. cnmip. com. cn　电子信箱　yjcbs@ cnmip. com. cn
责任编辑　于昕蕾　美术编辑　郑小利　版式设计　禹　蕊
责任校对　李　娜　责任印制　牛晓波
ISBN 978-7-5024-8146-9
冶金工业出版社出版发行；各地新华书店经销；固安华明印业有限公司印刷
2019 年 9 月第 1 版，2019 年 9 月第 1 次印刷
169mm×239mm；10. 5 印张；201 千字；158 页
22. 00 元

冶金工业出版社　投稿电话　(010)64027932　投稿信箱　tougao@cnmip. com. cn
冶金工业出版社营销中心　电话　(010)64044283　传真　(010)64027893
冶金工业出版社天猫旗舰店　yjgycbs. tmall. com

前　言

物理化学实验是高等院校化学、化工、应用化学、环境工程、材料、石油、生物、医学、食品等专业的一门重要基础实验课。本教材是为了进一步贯彻教育部全面提高教学质量、培养高素质人才的精神，结合华北电力大学应用化学、环境工程、环境科学、能源化工专业本科物理化学实验的教学要求，综合多年的教学实践并参阅了近些年国内外出版的相关教材，在以往使用多年的《物理化学实验》（校内讲义）基础上编写而成的。

本教材共分为绪论、误差和数据表达、实验仪器、基础实验、综合性实验以及附录六部分。第一章对物理化学实验目的、实验性质、基本要求、实验规则、实验室学生守则等内容都做了比较详细的阐述。第二章介绍了误差的起因和分类、误差的表示方法、误差的计算以及实验数据的表示方法。第三章介绍了热电偶、电导率仪、分光光度计、旋光仪、阿贝尔折射仪等物理化学实验常用仪器的构造及使用方法。第四章和第五章结合目前各院校教学设备情况选编了20个实验，其中基础实验部分涵盖化学热力学、化学动力学、电化学、表面化学等分支的15个实验。综合性实验部分设置的5个实验，旨在训练学生综合应用所学的物理化学知识、独立分析和解决问题的能力。本书的最后一部分为附录，列出了一些物理化学常用的数据表。

本书由华北电力大学朱洪涛副教授和杨丽娟副教授共同编著，修订工作由华北电力大学权宇珩、宋晓芳老师完成。

由于编者水平有限，疏漏之处在所难免，敬请读者不吝批评指正。

编　者

2019年3月

目　录

第一章　绪　　论

物理化学实验是化学实验科学的一个重要分支，它综合了化学领域中各分支所需要的基本研究工具和方法，它通过物理的实验方法和数学的推导来研究体系的物理、化学性质与化学反应之间的关系，从而获得规律性的认识。

第一节　物理化学实验目的

物理化学实验是物理化学教学内容的一个重要组成部分，通过一些数据的测量，培养学生掌握本学科的典型研究工具和方法，研究物质的物理化学性质及其化学反应规律。其主要目的有下列几点：

(1) 掌握物理化学实验的基本方法、操作技能、常用仪器的构造原理及使用方法。了解近代大型仪器的性能及在物理化学中的应用，增强学生的动手能力、查阅文献能力、思维能力等，培养和提高学生从事实际工作的能力。

(2) 培养学生细致观察实验现象、准确测定实验数据的能力，使学生掌握正确记录、处理分析实验数据和实验结果的方法。增强学生的观察能力、表达能力和处理实验结果的能力。

(3) 加深对物理化学基本原理和概念的理解，培养理论与实际相结合的良好学风。

(4) 培养学生求真、求实的科学态度和严肃认真、一丝不苟的科学作风，培养学生勤奋学习、勤俭节约的优良品德。

第二节　物理化学实验性质

物理化学实验是继无机化学实验、有机化学实验、分析化学实验之后的一门重要的基础实验课程。它以数据测量为主要内容，通过对实验数据的科学处理来研究物质的物理、化学性质及其化学反应规律。物理化学实验首要的教学目标是使学生初步了解物理化学的研究方法，掌握物理化学的基本实验操作技术和技能，学会控温、控压等实验条件的操作方法，熟悉物理化学实验现象的观察和记录、实验数据的测量和处理、实验结果的分析和归纳等一套严谨的实验方法和数据处理方法，从而加深对物理化学基本理论的理解，增强发现问题、分析问题和解决化学问题的综合技能和能力，初步学会从事科学研究的途径和方法。

物理化学实验综合了化学学科各领域所需要的基本研究工具和方法，它借助于物理学上光、热、电、磁等实验手段，来追踪化学变化过程中体系某些可测物理量的变化，并通过数学原理和方法来处理实验数据，得出科学结论。在物理化学实验中，学生通过测量和记录大量的实验数据，转换和处理实验数据，绘制图表，对实验中存在或出现的问题进行思考和讨论等，来培养实事求是的科学态度，严谨细致的工作作风，熟练正确的实验技能，分析问题和解决问题的能力等。对许多物理化学实验，可以通过不同的实验原理和方法测定不同的物理量来达到同一目的，在此过程中可以提高学生综合运用所学知识的能力；许多综合、设计性物理化学实验又为学生提出新的设计思想提供了实验场所，因此可以培养学生丰富的想象力、科学抽象和创新的能力。

第三节　物理化学实验基本要求

一、实验前充分预习

做每一个实验之前，学生要仔细阅读实验教材及有关的参考资料，进行充分的预习，从而明确实验目的，掌握实验原理，了解实验方法和所使用的仪器的基本构造、工作原理、操作方法及使用中的注意事项，明确实验的操作步骤、需要进行测量的参数以及需要记录的数据。在此基础上，写出实验预习报告。预习报告内容包括实验名称、简要原理、操作方案、注意事项、记录测量数据的表格等。只有做好实验预习并写好预习报告，学生才能在实验过程中思路清晰，操作有条不紊，对实验现象及测量数据给出正确的分析和判断，顺利完成实验并取得较好的学习效果。

二、实验操作认真细致

学生在实验室做实验要遵守实验室的规章制度、操作规程和安全规则。动手做实验前先核对实验的仪器和药品，若有缺损，应立即向教师申报。检查仪器药品正确无误后，进行洗涤器皿、配制溶液、连接线路、调节仪器等实验准备工作，然后按计划进行操作和测定。操作过程要严格控制实验条件，学会仔细观察和分析、积极思考实验现象，客观、准确、完整、认真地记录原始实验数据和实验条件。原始数据应用签字笔或者钢笔记录在预习报告上，不得任意记在纸上或其他地方。原始数据不能任意涂改和伪造，如有记错可在原数据上画一杠，再在旁边记下正确值。每一次实验自始至终要求学生学习态度要严谨，要勤于动手和动脑，掌握好方法要领和操作技能。实验结束后，由指导教师审查数据签字，验收仪器装置。

三、认真撰写实验报告

完成实验报告是实验的一项基本要求，实验报告是实验工作的总结。做完实验后要独立撰写实验报告，内容包括实验目的、实验原理、实验仪器药品、实验操作过程、数据记录及其处理（列出原始数据、所用文献数据、计算数据过程、计算公式、图形、结果）、讨论（对实验现象和测定数据的分析、实验心得体会、实验结果误差分析、对实验方法和操作的改进意见等）。数据处理应在明确原理、方法步骤及计算公式和有效数字的基础上，按法定单位标准进行运算、做图、列表等来得出结果，然后对结果进行误差分析，结合实验现象进行讨论、解释或对实验提出改进意见。通过撰写实验报告，不仅能培养学生正确、有效的表达能力以及处理、分析、归纳数据和解决问题的能力，还能使学生在实验数据处理、做图、误差分析、问题归纳总结等方面得到训练和提高，学生实验报告的质量在很大程度上反映了学生的实际水平和能力。

第四节　物理化学实验规则

实验规则是人们长期从事化学实验工作总结出来的，它是保持良好环境和工作秩序，防止意外事故，做好实验的重要前提，也是培养学生优良素质的重要措施。

（1）实验中严格按照操作规程进行实验，严格遵守实验室安全规则，保证实验安全进行。注意用电安全、化学药品使用安全，防止易燃物着火。实验开始前，应先由教师检查线路，经同意后，方可插上电源。仪器安装好后，必须经教师检查后方能开始实验。

（2）遵守纪律，不迟到，不早退。实验时应穿工作服，保持室内安静，不大声嬉戏、喧哗，不到处乱走，不吃东西，不允许在实验室内嬉闹及恶作剧。保持台面整洁，书包、衣物等不要放在实验台上，严禁乱扔废纸等杂物。

（3）实验使用水、电、煤气、药品试剂等都应本着节约原则。

（4）爱护仪器设备，不得随意拆看仪器零件，并认真填写仪器使用登记卡。未经老师允许不得乱动精密仪器，使用时要爱护各种仪器。学生完成实验后应做好仪器使用及仪器的状态记录，对于出现故障的仪器设备应如实记录并及时报告指导教师以便于设备的维修与保养。

（5）随时注意室内整洁卫生，废物只能丢入废物缸内，不能随地乱丢，更不能丢入水槽，以免发生堵塞。需要回收的药品统一进行回收，不能随意倒入下水道。

（6）实验结束后，将玻璃器皿洗净，将使用的仪器、试剂药品整理好，把实验台打扫干净。实验室由同学轮流值日，负责打扫整理，检查水、电、门窗是否关好，电闸是否拉掉，以保证实验室的安全。

第五节　物理化学实验安全规则

一、安全规则

在化学实验室里，安全是非常重要的，它常常潜藏着诸如发生爆炸、着火、中毒、灼伤、割伤、触电等事故的危险性。保证实验过程中学生、教师和其他实验工作人员的人身安全是首位的，因此除了在实验室设计时应充分考虑到实验室的消防、用电安全、有害气体的处理与排放、有害化学品的存储及其他可能导致人身安全问题以外，学生在实验过程中，还应特别注意以下偶发事件的防范。

违章用电常常可能造成仪器设备损坏、人身伤亡、火灾等严重事故。物理化学实验室使用电器较多，特别要注意安全用电。

（一）防止触电

（1）电器设备保持干燥，不能用潮湿的手接触电器。

（2）所有电源的裸露部分都应有绝缘装置。

（3）已损坏的接头、插座、插头或绝缘不良的电线应及时更换。

（4）实验时必须先接好线路再插上电源，实验结束时，必须先切断电源再拆线路。

（5）如遇人触电，应迅速切断电源后再进行处理。

（6）不能用试电笔去试高压电，使用高压电源应有专门的防护措施。

（7）维修或安装电器设备时，应先切断电源。

（二）防止着火

（1）使用的保险丝型号与实验室允许的电流量必须相配，防止电器设备超负荷运行。

（2）电线的安全通电量应大于用电功率。负荷大的电器应接较粗的电线，禁止高温热源接近电线。

（3）生锈的仪器或电器接触点（如电插头）接触不良处，应及时处理，以免产生电火花。

（4）室内若有氢气、煤气等易燃易爆气体，应避免产生电火花。

（5）继电器工作和开关电闸时，易产生电火花，要特别小心。

（6）如遇电线走火，切勿用水或导电的酸碱泡沫灭火器灭火。应立即切断电源，用沙或二氧化碳灭火器灭火。

（三）防止短路

（1）线路中各接点应牢固，电路元件两端接头不要互相接触，以防短路，烧坏仪器或发生触电、着火等事故。

（2）电线、电器不要被水淋湿或浸在导电液体中，例如实验室加热用的灯泡接口不要浸在水中。

二、电器仪表的安全使用

（1）使用前先了解电器仪表要求使用的电源是交流电还是直流电，是三相电还是单相电以及电压的大小（如 380V、220V、6V）。须弄清电器功率是否符合要求及直流电器仪表的正、负极。

（2）仪表量程应大于待测量。待测量大小不明时，应从最大量程开始测量。

（3）实验前要检查线路连接是否正确，经教师检查同意后方可接通电源。

（4）在使用过程中如发现异常，如不正常声响、局部温度升高或嗅到焦味，应立即切断电源，并报告教师进行检查。

三、使用化学药品的安全防护

（一）防毒

（1）实验前，应了解所用药品的毒性及防护措施。

（2）操作有毒气体（如 H_2S、Cl_2、Br_2、NO_2、浓 HCl 和 HF 等）应在通风橱内进行。若发生有毒气体泄漏，应及时撤离现场，等待处理。

（3）苯、四氯化碳、乙醚、硝基苯等的蒸气会引起中毒。它们虽有特殊气味，但久嗅会使人嗅觉减弱，所以应在通风良好的情况下使用。

（4）有些药品（如苯、有机溶剂、汞等）能透过皮肤进入人体，应避免与皮肤接触。

（5）氰化物、高汞盐（$HgCl_2$、$Hg(NO_3)_2$ 等）、可溶性钡盐（$BaCl_2$）、重金属盐（如镉、铅盐）、三氧化二砷等剧毒药品，应妥善保管，使用时要特别小心。

（6）禁止在实验室内喝水、吃东西。饮食用具不要带进实验室，以防毒物污染，离开实验室及饭前要洗净双手。

（二）防爆

可燃气体与空气的混合物在比例处于爆炸极限时，受到热源（如电火花）诱发将会引起爆炸。一些气体的爆炸极限见表 1-1。

（1）使用可燃性气体时，要防止气体逸出，室内通风要良好。

（2）操作大量可燃性气体时，严禁同时使用明火，还要防止发生电火花，并防止其他物品撞击产生火花。

(3) 有些药品如叠氮铝、乙炔银、乙炔铜、高氯酸盐、过氧化物等受震和受热都易引起爆炸，使用要特别小心。

(4) 严禁将强氧化剂和强还原剂放在一起。

(5) 久藏的乙醚使用前应除去其中可能产生的过氧化物。

(6) 进行容易引起爆炸的实验，应有防爆措施。

表 1-1 与空气相混合的某些气体的爆炸极限（20℃，101325Pa）

气体	爆炸高限（体积分数）/%	爆炸低限（体积分数）/%	气体	爆炸高限（体积分数）/%	爆炸低限（体积分数）/%
氢气	74.2	4.0	醋酸	—	4.1
乙烯	28.6	2.8	乙酸乙酯	11.4	2.2
乙炔	80.0	2.5	二氧化碳	74.2	12.5
苯	6.8	1.4	水煤气	72	7.0
乙醇	19.0	3.3	煤气	32	5.3
乙醚	36.5	1.9	氨	27.0	15.5
丙酮	12.8	2.6			

(三) 防火

(1) 许多有机溶剂如乙醚、丙酮、乙醇、苯等非常容易燃烧，大量使用时室内不能有明火、电火花或静电放电。用后还要及时回收处理，不可倒入下水道，以免聚集引起火灾。实验室内不可存放过多这类药品。

(2) 有些物质如磷、金属钠、钾、电石及金属氢化物等，在空气中易氧化自燃。还有一些金属如铁、锌、铝等粉末，比表面积大也易在空气中氧化自燃。这些物质要隔绝空气保存，使用时要特别小心。

实验室一旦着火不要惊慌，应根据情况选择不同的灭火剂进行灭火。以下几种情况不能用水灭火：

(1) 有金属钠、钾、镁、铝粉、电石、过氧化钠等时，应用干沙等灭火。

(2) 密度比水小的易燃液体着火，采用泡沫灭火器。

(3) 有灼烧的金属或熔融物的地方着火时，应用干沙或干粉灭火器。

(4) 电器设备或带电系统着火，用二氧化碳灭火器。

(四) 防灼伤

强酸、强碱、强氧化剂、溴、磷、钠、钾、苯酚、冰醋酸等都会腐蚀皮肤，特别要防止溅入眼内。液氧、液氮等低温也会严重灼伤皮肤，使用时要小心。万一灼伤应及时治疗。

四、汞的安全使用

汞中毒分急性和慢性两种。急性中毒多为高汞盐（如 $HgCl_2$）入口所致，0.1~0.3g 即可致死。吸入汞蒸气会引起慢性中毒，症状有食欲不振、恶心、便秘、贫血、骨骼和关节疼、精神衰弱等。汞蒸气的最大安全浓度为 0.1mg/m^3，而 20℃时汞的饱和蒸气压为 0.0012mmHg❶，超过安全浓度 100 倍。因此使用汞必须严格遵守安全用汞操作规定。

（1）不要让汞直接暴露于空气中，储汞容器内的汞液面上应加盖一层水。

（2）储汞的容器下面一律放置浅瓷盘，防止汞滴散落到桌面上和地面上。

（3）一切转移汞的操作，也应在浅瓷盘内进行（盘内装水）。

（4）实验前要检查装汞的仪器是否放置稳固，橡皮管或塑料管连接处要缚牢。

（5）储汞的容器要用厚壁玻璃器皿或瓷器。用烧杯暂时储汞，不可多装以防破裂。

（6）若有汞掉落在桌面上或地面上，先用吸汞管尽可能将汞珠收集起来，然后用硫黄盖在汞溅落的地方，并摩擦使之生成 HgS，也可用 $KMnO_4$ 溶液使其氧化。

（7）擦过汞或汞齐的滤纸或布必须放在有水的瓷缸内。

（8）储汞容器和有汞的仪器应远离热源，严禁把有汞仪器放进烘箱。

（9）使用汞的实验室应有良好的通风设备，纯化汞应有专用的实验室。

（10）手上若有伤口，切勿接触汞。

五、X 射线的防护

X 射线被人体组织吸收后，对人体健康是有害的。一般 X 射线衍射仪用的软 X 射线（波长较长，穿透能力较低）比医院透视用的硬 X 射线（波长较短，穿透能力较强）对人体组织伤害更大。轻的造成局部组织灼伤，如果长时间接触，重的可能造成白细胞下降，毛发脱落，发生严重的射线病。但若采取适当的防护措施，上述危害是可以防止的。

X 射线防护最基本的一条是防止身体各部位（特别是头部）受到 X 射线照射，尤其受到 X 射线的直接照射，因此要注意 X 射线管窗口附近用铅皮（厚度 1mm 以上）挡好，使 X 射线尽量控制在一个局部小范围内，不让它散射到整个房间，在进行操作时（尤其是对光时），应戴上防护用具（特别是铅玻璃眼镜）。操作人员站的位置应避免直接照射。操作完后，用铅屏把人体与 X 射线机隔开；

❶ 1mmHg = 133.3224Pa。

暂时不工作时，应关好窗口。非必要时，人员应尽量离开X射线实验室。室内应保持良好通风，以减少由于高压和X射线电离作用产生的有害气体对人体的影响。

第六节　物理化学实验室学生守则

学生进入物理化学实验室，除了要遵守实验室规则和安全规则外，还必须遵守以下实验室学生守则。

(1) 学生应按编定的组别到指定的位置做实验，不得随意调动实验台位。

(2) 实验前必须有实验预习报告，认真复习与实验有关的理论知识，明确实验原理、目的要求、实验方法、步骤和注意事项，经指导教师检查合格后方可进行实验操作。

(3) 严格遵守纪律，注意保持实验室的安静、整洁，实验时不得喧哗或大声讨论，不准将实验废液、废物乱倒乱扔，尽量减少不必要的走动，以免影响实验结果和他人做实验。

(4) 严格遵守实验仪器的操作规程，在使用仪器前，应了解其性能和操作方法，对精密、贵重仪器设备，应在教师指导下认真操作。

(5) 要以严谨的科学态度进行实验，实验时要认真记录实验数据和实验现象，对实验中发生的问题，要善于分析，力求从理论上加以解释，实验结束后，必须按规定的时间和要求完成实验报告。

(6) 按要求使用水电和有毒有害化学药品，避免事故的发生。在实验室发生安全事故时，应保持冷静，应在保障自身安全的前提下采取适当的抢救措施。控制现场，并报告指导教师酌情处理。

(7) 实验完毕，按规定做好仪器设备的擦洗、校验、复原工作，自觉做好实验室的清洁，经指导教师检查同意后方可离开实验室。

(8) 实验过程中如损坏仪器设备，应如实报告实验指导教师或实验工作人员，办理登记手续，凡属疏忽大意或违反操作规程而造成丢失、损坏仪器、设备及其他公物者，要酌情赔偿，情节严重者，给予纪律处分。

第二章 误差和数据表达

物理化学实验通常是以研究体系的物理化学性质与化学反应之间的关系并测量体系的物理量为基本内容，然后对测量数据进行整理，用计算或做图的方法求得所需的实验结果并找到变量之间的规律。在任何一项测量中，由于受外界条件、仪器的优劣和感观等条件的限制，实验测得的数据只能达到一定的准确度，即测量值与真实值之间总有一个差值，称为测量误差。实践证明，一切测量均存在误差，即真实值是无法测量的。

研究误差及数据处理的目的，不是使误差趋于零，因为这往往是做不到的，也不是一定要使误差减小到不能再小的程度（并非必要），因为往往为此要花费大量的劳力和物力。研究误差及数据处理的主要目的是找到合适的实验方法、选择精度适当的仪器、寻找最有利的测量条件，使得在一定条件下得到更接近于真实值的最佳测量结果；确定结果的不确定程度（分散程度）。直接测量的误差取决于测量方法、测量时的环境及测量者的技巧。间接测量的误差取决于直接测量值、做图和所用计算公式的准确度。

第一节 误差的起因和分类

根据性质的不同，一般测量误差可分为系统误差和偶然误差两类。

一、系统误差

系统误差又称恒定误差，这种误差是由仪器误差、试剂误差、方法误差、环境误差、人身误差等原因引起的。其特点是：在相同条件多次重复测量时，这种误差会重复出现，多次测量误差也不会相互抵消，所产生的误差大小不变，方向一致。系统误差主要有：

（1）仪器误差。仪器误差是由仪器结构上的缺点或调节不适当所引起的，如天平的不等臂、砝码不准等。它可以用一定的检测方法来检出和校正。

（2）试剂误差。试剂误差是由化学试剂纯度不够引起的，如化学试剂中含有其他干扰物质。

（3）环境误差。环境误差是由仪器使用环境不当或外界条件（如温度、压强、湿度等）发生单一方向变化引起的误差。

(4) 方法误差。方法误差是由测量方法所依据的理论不完善或引用了近似公式造成的。如根据理想气体状态方程来计算气体的物理量时，由于真实气体和理想气体之间存在偏差导致一定的误差。

(5) 人身误差。人身误差产生于测量者的感觉器官的不完善，或个人不恰当的视读习惯及偏向。如人对颜色的敏感程度不同，会导致对滴定终点判断产生误差；读取刻度时候也会出现有的人偏大，有的人偏小。

因此，系统误差不能靠增多测量次数来消除，只能通过对方法的改进、仪器的校准或通过不同实验者，用不同实验方法和不同仪器进行测量，获得相同的结果而得以消除。

二、偶然误差

偶然误差又称随机误差，它是由一些随机的偶然因素造成的，是客观存在的，不以人的意志为转移的误差。即使在系统误差已被改正，但在相同条件下多次重复测量同一物理量时，每次测量结果都有所不同，其特点是：大小不等，方向不定，它的出现纯属随机。造成上述偶然误差的原因大致有：

(1) 实验者对仪器最小分度以下的估读每次很难严格相同。

(2) 测量仪器的某些活动部件所指示的测量结果很难每次完全相同。

(3) 影响测量结果的某些实验条件，例如温度值不可能在每次实验中控制得绝对一样。

偶然误差是不可避免的，它的产生是由一些偶然因素造成的。它的大小和符号一般服从正态分布规律。如果用多次测量的结果做图，以横坐标表示偶然误差 σ，以纵坐标表示各个偶然误差出现的次数 N，则可得到图 2-1 中的曲线。图 2-1 中曲线 1 和 2 代表用同一方法，在相同条件下的测量结果。

图 2-1 中 σ 也称为均方根误差或标准误差。σ 越小，误差分布曲线越尖锐，即较小的偶然误差出现的概率大，表明测量的精密度较高。

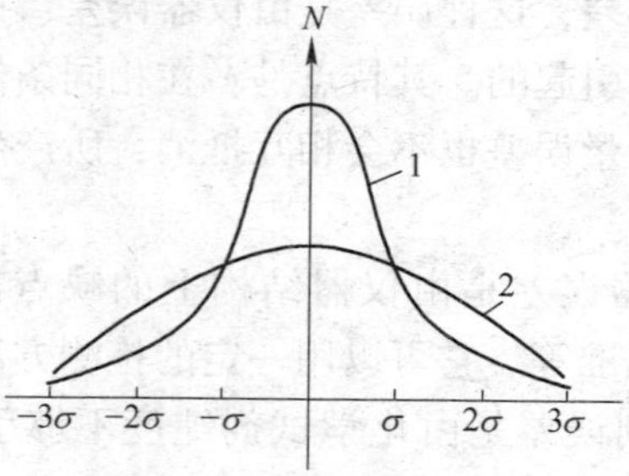

图 2-1　偶然误差正态分布曲线

对于偶然误差，其算术平均值 $\overline{\sigma}$ 随测量次数 n 的无限增加而趋于零，即

$$\lim\bar{\sigma} = \lim \frac{1}{n}\sum_{i=1}^{n}\sigma_i = 0$$

因此，为了减少偶然误差，在实际测量中，常常进行多次以提高测量的精度。

三、过失误差

过失误差又称粗差，是由实验者粗心犯了某种不应犯的错误或者操作错误所引起的，如看错标尺刻度、写错记录等。此类测量值与其他测量值一般都偏离较大，可通过对坏值的判断而剔除。但最好的办法是通过细心和正确的操作来避免该类误差。

四、测量的准确度和精密度

（1）准确度。准确度是指测量与真实值符合的程度，即测量结果对真实值的偏离程度。准确度越高，测量值就越接近真实值。误差越小，表明测量结果越接近真实值，准确度越高。所谓真实值就是指用已消除系统误差的实验手段和方法进行足够多次的测量所得的算术平均值或文献手册中的公认值。

（2）精密度。精密度是指测量结果的可重复性及测量值有效数字的位数。测量值重现性越好、有效数字位数越多则精密度越高，为了使得测量的误差更小，实验就要求保证测量的精密度要高。但是，测量精密度越高并不代表测量误差就越小，所以测量的准确度和精密度是有区别的。下面用射手打靶的情况作一个比喻，来理解一下精密度和准确度的含义。图 2-2a 表示准确度和精密度都很好；图 2-2b 表示因能密集射中一个区域，所以精密度很高，但准确度不高；图 2-2c 表示精密度、准确度都不高。由此可知，高精密度不一定能保证高准确度，但高准确度必须由高精密度来保证。

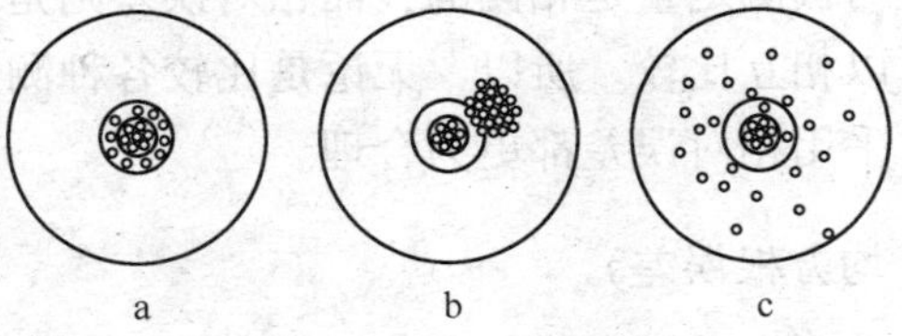

图 2-2　准确度和精密度示意图

第二节　误差的表示方法

由于真实值是不可知的，通常以用正确的测量方法和经过校正的仪器，进行足够多次测量所得的算术平均值或者文献手册上的公认值作为真实值。为了评定某个物理量的测量值与真实值之间的误差，需要对一组平行测量值的误差做出计算。测量误差通常用算术平均误差、相对误差、标准误差和极差来表示。

一、算术平均误差

算术平均误差是指单次测定值与多次测定平均值之间偏差的绝对值的平均值。令各单次测定值为 x_1，x_2，…，x_n，其平均值为 $\bar{x}$。测定值与平均值的偏差 $\delta = x_i - \bar{x}$，则算术平均值为 d，有

$$d = \frac{\sum_{i=1}^{n} |\delta_i|}{n} = \frac{\sum_{i=1}^{n} |x_i - \bar{x}|}{n}$$

用算术平均误差表示误差，不能完全反映出各次测定的精密度。

二、绝对误差与相对误差

绝对误差是测量值与真实值的差异。相对误差是指绝对误差在真实值中所占的百分数，即表示测量误差对被测量物理量的准确度影响的程度大小。因此，在评定测量结果的质量的时候，采用相对误差更有价值。绝对误差和相对误差的计算公式如下所示：

$$绝对误差=测量值-真实值$$

$$相对误差 = \frac{绝对误差}{真实值} \times 100\%$$

绝对误差的单位与被测之量是相同的，而相对误差则是无量纲的，因此不同物理量的相对误差可以相互比较。所以，无论是比较各种测量的精密度或是评定测量结果的准确度，采用相对误差都更为合理。

三、标准误差（均方根误差）

令各单次测定值为 x_1，x_2，…，x_n，其平均值为 $\bar{x}$，则标准误差为

$$S = \sqrt{\frac{\sum_{i=1}^{n} (x_i - \bar{x})^2}{n-1}}$$

标准误差不是测量值的实际误差，也不是误差范围，它只是对一组测量数据

可靠性的估计。标准误差小，测量的可靠性大一些，反之，测量就不大可靠。标准误差不仅取决于一组测定中的各测定值，而且一组测定值中越远离平均值的测定值对标准误差的影响越大，越接近平均值的测定值对标准误差的影响越小。因此，标准误差可以表示数据分散程度。它比算术平均误差能更好地反映各测定值的精密度。

四、极差

极差用来表示统计资料中的变异量数，是指一组测定数据中，最大值和最小值之差，可用它表示误差范围。极差又称范围误差。

极差虽然能反映出测定数据的波动范围，但没有充分利用数据提供的情报更全面、科学地反映测定数据的质量。由于它计算简便，在快速检验中得到广泛应用。由于单位不同，所以不同测量值的极差不能用作比较。

第三节　间接测量结果的误差计算

直接测量，就是指直接从测量工具的读数获取被测量数值的方法。直接测量的特点是不需要对被测量与其他实测的量进行函数关系的辅助运算。间接测量，是指将一个被测量转化为若干可直接测量的量加以测量，而后再依据由定义或规律导出的关系式（即测量式）进行计算或做图，从而间接获得测量结果的测量方法。直接测量和间接测量的区别是，直接测量不用通过计算，能够从测量工具上直接得出结果；间接测量需要通过相应的公式或函数进行计算后才能得出结果。物理化学实验中，大多数测量结果都是在几个直接测量的基础上，按一定的函数关系求得，故称其为间接测量。测量的误差与直接测量误差有关，可由它们求得，称为误差的传递。

一、间接测量结果的平均误差计算

函数式：

$$N = f(x,\ y,\ z)$$

全微分：

$$\mathrm{d}N = \frac{\partial N}{\partial x}\mathrm{d}x + \frac{\partial N}{\partial y}\mathrm{d}y + \frac{\partial N}{\partial z}\mathrm{d}z$$

则：

$$\frac{\mathrm{d}N}{N} = \frac{1}{f(x,\ y,\ z)}\left(\frac{\partial N}{\partial x}\mathrm{d}x + \frac{\partial N}{\partial y}\mathrm{d}y + \frac{\partial N}{\partial z}\mathrm{d}z\right)$$

部分函数平均误差计算公式见表 2-1。

表 2-1 部分函数平均误差计算公式

函数关系	绝对误差	相对误差
$N = x + y$	$\pm(\lvert dx\rvert + \lvert dy\rvert)$	$\pm\left(\dfrac{\lvert dx\rvert + \lvert dy\rvert}{x + y}\right)$
$N = x - y$	$\pm(\lvert dx\rvert + \lvert dy\rvert)$	$\pm\left(\dfrac{\lvert dx\rvert + \lvert dy\rvert}{x - y}\right)$
$N = xy$	$\pm(x\lvert dy\rvert + y\lvert dx\rvert)$	$\pm\left(\dfrac{\lvert dx\rvert}{x} + \dfrac{\lvert dy\rvert}{y}\right)$
$N = x/y$	$\pm\left(\dfrac{y\lvert dx\rvert + x\lvert dy\rvert}{y^2}\right)$	$\pm\left(\dfrac{\lvert dx\rvert}{x} + \dfrac{\lvert dy\rvert}{y}\right)$
$N = x^n$	$\pm(nx^{n-1}dx)$	$\pm\left(n\dfrac{dx}{x}\right)$
$N = \ln x$	$\pm\left(\dfrac{dx}{x}\right)$	$\pm\left(\dfrac{dx}{x\ln x}\right)$

例如，以苯为溶剂，用凝固点降低法测定萘的分子量时，按下式计算：

$$M = \frac{1000K_f W_B}{W_A \Delta T_f} = \frac{1000K_f W_B}{W_A(T_f^* - T_f)}$$

式中，直接测量值 W_B、W_A、T_f^* 和 T_f，分别为溶质质量、溶剂质量、溶剂凝固点和溶液凝固点；$K_f = 5.12$ 为溶液凝固点降低常数。

M 的相对误差为：

$$\frac{\Delta M}{M} = \frac{\Delta W_A}{W_A} + \frac{\Delta W_B}{W_B} + \frac{\Delta(\Delta T_f)}{\Delta T_f}$$

二、间接测量结果的标准误差计算

函数式：

$$N = f(x, y, z)$$

标准误差：

$$\sigma_N = \sqrt{\left(\frac{\partial N}{\partial x}\right)^2 \sigma_x^2 + \left(\frac{\partial N}{\partial y}\right)^2 \sigma_y^2 + \left(\frac{\partial N}{\partial z}\right)^2 \sigma_z^2}$$

部分函数标准误差计算公式见表 2-2。

表 2-2 部分函数标准误差计算公式

函数关系	绝对误差	相对误差
$N = x + y$	$\pm\sqrt{\sigma_x^2 + \sigma_y^2}$	$\pm\frac{1}{\lvert x \pm y\rvert}\sqrt{\sigma_x^2 + \sigma_y^2}$
$N = xy$	$\pm\sqrt{y^2\sigma_x^2 + x^2\sigma_y^2}$	$\pm\sqrt{\frac{\sigma_x^2}{x^2} + \frac{\sigma_y^2}{y^2}}$
$N = x/y$	$\pm\frac{1}{y}\sqrt{\sigma_x^2 + \frac{x^2}{y^2}\sigma_y^2}$	$\pm\sqrt{\frac{\sigma_x^2}{x^2} + \frac{\sigma_y^2}{y^2}}$
$N = x^n$	$\pm nx^{n-1}\sigma_x$	$\pm\frac{n\sigma_x}{x}$
$N = \ln x$	$\pm\frac{\sigma_x}{x}$	$\pm\frac{\sigma_x}{x\ln x}$

还以测定溶剂的凝固点降低计算分子量 M 为例，得

$$\sigma_M = \sqrt{\left(\frac{\partial M}{\partial W_B}\right)^2 \sigma_{W_B}^2 + \left(\frac{\partial M}{\partial W_A}\right)^2 \sigma_{W_A}^2 + \left(\frac{\partial M}{\partial \Delta T_f}\right)^2 \sigma_{\Delta T_f}^2}$$

第四节 测量结果的正确记录和有效数字

表示测量结果的数值，其位数应按测量精密度书写，这样所记录的数字称为“有效数字”。有效数字具体地说，是指在分析工作中实际能够测量到的数字。能够测量到的是包括最后一位估计的、不确定的数字。我们把通过直读获得的准确数字叫做可靠数字，把通过估读得到的那部分数字叫做存疑数字。把测量结果中能够反映被测量大小的带有一位存疑数字的全部数字叫有效数字。有效数字除末位数字可疑或不确定外，其余各位数字都是准确的。通常认为所写数值末位数字上可以有一个单位或半个单位的误差。因此用计量仪器测量，在读数时除了读到所用仪器的最小分度外，还应再估计到最小分度的 1/10。例如用万分之一分析天平称量 1g 的物体，只能记为 1.0000g，这种记法表明只是最后一位是估计得来的，具有一定误差与不确定性，其他各位数字都是准确的。这种记法正确反映出天平的精密度。如果随意记为 1.0g 或 1.00000g 都是不正确的。因为前一种记法人为地降低了称量精度，后一种记法人为地提高了称量精度。

在记录、报告和计算测量数据和运算结果时，必须遵守如下有效数字规则。

（1）在记录测定数据和运算的结果时，只应保留一位可疑数字。记录数字的位数应与所用测量仪器和方法的精度一致。当有效数字的位数确定后，它后面的数字应按“四舍六入五双单”的原则取舍。即有效数字后面一位是4、3、2、1，则舍去；是6、7、8、9，则进1至前位数。如果有效数字后面位数正好是5，而前面一位数为奇数，则前位数增加1；当前一位数为偶数则舍弃不计。例如27.024，24.026，27.025和27.035，取四位有效数字时，则分别为27.02（四舍），24.03（六入），27.02（五双舍弃），27.04（五单进入）。

（2）有效数字的位数与十进制单位的变换无关，与小数点的位置无关。如用天平称量一物质重0.0150g，其中前两个0不是有效数字，因为它们存在与否只与所用质量单位有关，而与称量精度无关。当取毫克为单位时，记做15.0mg，前面两个0则没有了，只有最后一个0，它是有效数字，指示称量的精度，不能任意舍弃。又如，称得一物为15kg，1/10kg位即为可疑位，应写作15.0kg。若以克为单位，写成15000g无法判断后面三个0究竟是用来表示有效数字还是用以标志小数点位置的。为了避免这种困难，常用指数表示法。例如15000g若表示成三位有效数字可写成1.50×10^4g，0.0000135只有三位有效数字，亦可写成1.35×10^{-5}。

（3）若第一位数值等于或大于8，则有效数字总位数可以多算1位。例如9.15是三位有效数字，但在运算时可看作四位有效数字。

（4）在所有计算式中，常数如π、e等以及乘除因子如$2^{1/2}$、1/3等它们的有效数字可以认为是无限制的，在计算中需要几位就可以写几位。因为有效数字的概念是用于表示测量大小及精密度的数字的，对数学上的纯数字不考虑有效数字的概念。

（5）任一测量数据，其有效数字的最后一位，在位数上应与误差的最后一位对齐。例如

1.35 ± 0.01　　正确

1.351 ± 0.01　　夸大结果的精密度

1.3 ± 0.01　　缩小结果的精密度

（6）表示误差的数值时，在大多数场合下只取一位有效数字，只有测定次数很多时，方可取两位有效数字，且最多只取两位有效数字。

（7）有效数字作加、减运算时将各位数值对齐，对舍弃的数可先按舍取原则定位，后进行加、减运算。如

$$\begin{array}{r} 0.254 \\ 21.2 \\ +\ \ 1.23 \\ \hline 22.7 \end{array} \qquad\qquad \begin{array}{r} 21.21 \\ -\ \ 0.2234 \\ \hline 20.99 \end{array}$$

乘、除运算时，所得的积、商有效数字应以各数值中有效数字位数最少的为标准。如

$$2.3\times0.524 = 1.2 \qquad 5.32\times2.800 = 14.9$$

（8）在对数计算中，对数尾数的有效数字位数应与对应的真数有效数字的位数相等。如

$$\lg3.256 = 0.5127$$

第五节　实验数据的表示方法

实验数据的表达一般有三种方法：列表法、做图法和方程式法。

一、列表法

利用列表法表达实验数据时，最常见的是列出自变量 x 和应变量 y 间的相应数值。把实验数据分类后，按一定格式一一对应列出表格。一般对实验的原始数据的记录及根据实验原始数据计算的有关量，通常以列表法表达。列表时应注意以下几点：

（1）每一个表格都应有简明而完备的名称。

（2）在表格的每一行或每一列的第一栏要详细写出数据的名称、单位。凡有国际通用或为大多数读者熟知的代号应尽量采用代号，以使表头简洁、醒目。

（3）每一行或列所记数据应注意其有效数字位数，并将小数点对齐。如果用指数表示数据中小数点位置，为简便起见，可将指数放在第一栏名称下注明，但此时指数上的正负号应变号。

（4）自变量选择有一定伸缩性，但一般选实验上能够直接测量或易于精确测量、控制的物理量，如温度、时间、浓度、压强等。

二、做图法

用做图法表示实验数据能清楚地显示出变化规律，如极大值、极小值、转折点、周期性、变化速率等重要性质，同时也便于数据的分析对比。如果曲线足够光滑，则可用于图解微分和图解积分。有时还可以用做图求面积、做切线、进行内插和外推等求得实验中难以获得的量。做图方法要点简述如下：

（1）在两个变量中选定自变量与应变量，以横坐标为自变量，纵坐标为应变量，并确定标绘在 x、y 轴上的最大值和最小值。

（2）制图时选择比例尺是极为重要的，因为比例尺的改变，将会引起曲线

外形的变化，特别对于曲线的一些特殊性质如极大点、极小点、转折点等，比例尺选择不当会使图形显示不清楚。为准确起见，比例尺的选择应该使之与由图解法测出诸量的准确度与实际测量的准确度相适应。为此，通常每小格应能表示测量值的最末一位可靠数字或可疑数字，以使图上各点坐标能表示全部有效数字并将测量误差较小的量取较大的比例尺。同时在方格纸上每格所代表的数值最好等于 1、2、5 个单位的变量或这些数的 $10^{\pm n}$ 值（n 为整数），以便于查看和内插。要尽可能地利用方格纸的全部，坐标不一定从零开始，如果是直线，则其斜率尽可能与横坐标的交角接近 45°。

当需要由图来决定导数或曲线方程式的系数，或需要外推时，必须将较复杂的函数转换成线性函数，使得到的曲线转化为直线。如指数函数 $y=ae^{\pm bx}$，这种形式的函数在物理化学中是经常遇到的，这可以用对数的方法使之转化为直线方程式：

$$\lg y=\lg a \pm 0.4342bx$$

以 $\lg y$ 和 x 做图就是一直线。对于抛物线形状的曲线（$y=a+bx^2$），可以用 y 对 x^2 做图而得一直线。直线是曲线中最易做的线，用起来也方便。为了使函数关系能在图上表示成直线，常将某些函数直线化。所谓直线化就是将函数 $y=f(x)$ 转换成线性函数。要达到这个目的，可选择新的变量 $X=\Psi(x, y)$ 和 $Y=\Phi(x, y)$ 来代替变量 x 和 y，以便得出直线方程式：$Y=B+mX$。表 2-3 列出几个常见的例子。

表 2-3 几个直线化后的方程式

方程式	变换	直线化后的方程式
$y=ae^{bx}$	$Y=\lg y$	$Y=\lg a+(b\lg e)x$
$y=ax^b$	$Y=\lg y,\ X=\lg x$	$Y=\lg a+bX$
$y=\dfrac{1}{a+bx}$	$Y=\dfrac{1}{y}$	$Y=a+bx$
$y=\dfrac{x}{a+bx}$	$Y=\dfrac{x}{y}$	$Y=a+bx$

（3）做曲线时，先在图上将各实验点用铅笔以×、□、○、△等符号标出（×、□、○、△的大小表示误差的范围），借助于曲线尺或直尺把各点相连成线（不必通过每一点）。在曲线不能完全通过所有实验点时，曲线应尽可能贯串大多数的实验点，实验点应该平均地分布在曲线的两边，或使所有的实验点离开曲

线距离的平方和为最小，此即“最小二乘法原理”。通常曲线不应当有不能解释的间隙、自身交叉或其他不正常特性。在物理化学的实验数据时，通常是先列表格然后绘成图，再求曲线方程式，进而加以分析，并做一定的推论。

（4）每个图应有简明的标题，且注明每条曲线的实验条件。

（5）曲线上做切线。欲在曲线的 E 点做切线，可应用镜面法。先做该点法线 AB，再做切线。方法是取一面平而薄的小方镜子，将其一边 AB 垂直放在曲线的横断面上，然后绕 E 点转动，直到镜外曲线与镜像中曲线连成一条光滑曲线，沿 AB 边画出的直线就是法线。通过 E 点做的 AB 的垂线就是切线，如图 2-3 所示。

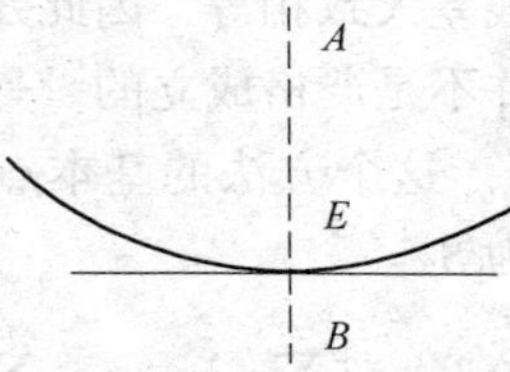

图 2-3　曲线上的切线

三、方程式法

用方程式表示实验数据，不但表达方式简单，记录方便，而且便于求其微分、积分或内插值。因此，将所得实验数据归纳总结成方程式，也是科学能力的重要训练。下面主要介绍直线方程常数的确定，至于将曲线回归成方程式，随着计算机的普及应用，方法多种多样，这里不做介绍。

确定直线方程常数的方法有三种：做图法、平均值法和最小二乘法。做图法最简单，适用于数据较少且不十分精密的场合；平均值法较麻烦，但当有 6 个以上比较精密的数据时结果就较做图法好；最小二乘法最繁琐，但结果最好，它需要 7 个以上较精密的数据。

前面已讨论过做图法，这里只介绍平均值法和最小二乘法。

（一）平均值法

设线性方程为 $y = bx + a$。现在要确定 b 和 a。原则上，只要有两对变量（x_1，y_1）、（x_2，y_2），便可把 b、a 确定下来，但实际上，通常有更多对的资源可应用，而且用不同数据算出的 b、a 值一般并不相同。解决这一困难的一种方法就是平均法。根据平均法，正确的 b、a 值应该能使“残差”之和为零。“残差” u_i 的定义是：

$$u_i = bx_i + a - y_i$$

式中，i 表示第 i 次测量。

将所测得的数据平分成两组；使每组方程式数目近似相等，然后将两组方程式各自相加，得到下列两个方程式：

$$\sum_{i=1}^{k} u_i = b\sum_{i=1}^{k} x_i + ka - \sum_{i=1}^{k} y_i = 0$$

$$\sum_{i=k+1}^{n} u_i = b\sum_{i=k+1}^{n} x_i + (n-k)a - \sum_{i=k+1}^{n} y_i = 0$$

将以上两式联立，即可解出 b、a 值。

（二）最小二乘法

上述平均法的原理是正负残差大致相等，因此残差之和应为零。实际在有限次数的测量中，这个假定通常并不是严格成立的。另一种准确的处理方法就是最小二乘法（也叫最小差方和法）。这个方法的基本点是：最佳结果能使残差的平方和为最小。设残差的平方和为 S，

$$S = \sum_{i=1}^{n}(bx_i + a - y_i)^2 = b^2\sum_{i=1}^{n} x_i^2 + 2ab\sum_{i=1}^{n} x_i - 2b\sum_{i=1}^{n} x_i y_i + na^2 - 2a\sum_{i=1}^{n} y_i + \sum_{i=1}^{n} y_i^2$$

使 S 为极小值的必要条件为：

$$\frac{\partial S}{\partial b} = 0 = 2b\sum_{i=1}^{n} x_i^2 + 2a\sum_{i=1}^{n} x_i - 2\sum_{i=1}^{n} x_i y_i$$

$$\frac{\partial S}{\partial a} = 0 = 2b\sum_{i=1}^{n} x_i + 2an - 2\sum_{i=1}^{n} y_i$$

由以上二式解出 b、a 分别为：

$$b = \frac{n\sum_{i=1}^{n} x_i y_i - \sum_{i=1}^{n} x_i \sum_{i=1}^{n} y_i}{n\sum_{i=1}^{n} x_i^2 - (\sum_{i=1}^{n} x_i)^2}$$

$$a = \frac{\sum_{i=1}^{n} x_i^2 \sum_{i=1}^{n} y_i - \sum_{i=1}^{n} x_i \sum_{i=1}^{n} x_i y_i}{n\sum_{i=1}^{n} x_i^2 - (\sum_{i=1}^{n} x_i)^2}$$

上述计算 b、a 的方法很可靠，但很麻烦。随着电子计算机在物化领域中的广泛应用，目前用计算机程序进行最小二乘法处理已是极其普遍的了。

现将丙酮的温度和蒸气压的实验数据列于表 2-4 中，对图解法、平均值法和最小二乘法三种方法作具体说明。

表 2-4　丙酮温度和蒸气压关系的线性拟合常数

i	$\frac{1}{T}\times10^3/\mathrm{K}^{-1}$ (=x)	lg$p$/Pa (=y)	$(bx_i+a-y_i)\times10^3$		
			图解法	平均值法	最小二乘法
1	3.614	3.045	+6	+4	+2
2	3.493	3.246	+6	+3	+2
3	3.434	3.346	+4	+1	0
4	3.405	3.396	+2	−1	−2
5	3.288	3.588	+4	+1	0
6	3.255	3.647	0	−3	−4
7	3.226	3.696	−1	−4	−5
8	3.194	3.748	+1	−3	−4
9	3.160	3.804	+1	−3	−4
10	3.140	3.836	+2	−2	−2
11	3.117	3.874	+3	−2	−2
12	3.095	3.908	+5	+1	0
13	3.076	3.939	+6	+1	+1
14	3.060	3.963	+8	+4	+3
15	3.044	3.989	+9	+4	+4
Σ	48.601	55.025	$\lvert\Delta\rvert=58$	$\lvert\Delta\rvert=37$	$\lvert\Delta\rvert=35$

（1）图解法。其方法是把实验数据以合适的变量作为坐标绘出直线，从直线上取两点的坐标值（x_1，y_1）、（x_2，y_2），计算斜率和截距。

$$b=\frac{y_2-y_1}{x_2-x_1}$$

按表 2-4 所列数据以 lg$p$ 为 y 轴，$1/T\times10^3$ 为 x 轴做图后得：$b=-1.662\times10^{-3}$，$a=9.057$。

（2）平均值法。平均值法较麻烦，但在有 6 个以上比较精密的数据时，结果比图解法好。

设线性方程为 $y=a+bx$，原则上只要有两对变量（x_1，y_1）和（x_2，y_2）就可以将 a、b 确定下来，但由于测定中有误差的存在，所以这样处理偏差较大，故采用平均值。它的原理是基于 a、b 值应能使 $a+bx_i$减去 y_i之差的总和为零，即

$$\sum_{i=1}^{k}u_i=ka+b\sum_{i=1}^{k}x_i-\sum_{i=1}^{k}y_i=0$$

具体的做法是把数据代入条件方程式，再将它分为两组（两组方程式数目几乎相等），然后将两组方程式相加得到下列两个方程：

$$\sum_{i=1}^{k} u_i = ka + b\sum_{i=1}^{k} x_i - \sum_{i=1}^{k} y_i = 0$$

$$\sum_{i=k+1}^{n} u_i = (n-k)a + b\sum_{i=k+1}^{n} x_i - \sum_{i=k+1}^{n} y_i = 0$$

联立解此两方程，即可得 a 和 b 值。由表 2-4 所列数据（$x=1/T\times10^3$）可得

1）$a+3.614b-3.045=0$	8）$a+3.194b-3.748=0$
2）$a+3.493b-3.246=0$	9）$a+3.160b-3.804=0$
3）$a+3.434b-3.346=0$	10）$a+3.140b-3.836=0$
4）$a+3.405b-3.396=0$	11）$a+3.117b-3.874=0$
5）$a+3.288b-3.588=0$	12）$a+3.095b-3.908=0$
6）$a+3.255b-3.647=0$	13）$a+3.076b-3.939=0$
7）$a+3.226b-3.696=0$	14）$a+3.060b-3.963=0$
	15）$a+3.044b-3.989=0$
$7a+23.71b-23.964=0$	$8a+24.886b-31.061=0$

解此联立方程

$$\begin{cases}7a + 23.715b - 23.964 = 0\\ 8a + 24.886b - 31.061 = 0\end{cases}$$

按表 2-4 所列数据代入得 $b=-1.657\times10^{-3}$，$a=9.037$。

（3）最小二乘法。这种方法处理较繁，但结果较可靠，它需要 7 个以上的数据。它的基本原理是在有限次数的测量中，其 $\sum_{i=1}^{k} u_i = \sum_{i=1}^{n}[(bx_i+a)-y_i]$ 并不是一定为零，因此用平均法处理数据时还有一定的偏差。但可以设想它的最佳结果应能使其标准误差为最小，即 $\sum_{i=1}^{n}[(bx_i+a)-y_i]^2$ 为最小。如

$$S = \sum_{i=1}^{n}[(bx_i+a)-y_i]^2 = b^2\sum_{i=1}^{n} x_i^2 + 2ab\sum_{i=1}^{n} x_i - 2b\sum_{i=1}^{n} x_i + na^2 - 2a\sum_{i=1}^{n} y_i + \sum_{i=1}^{n} y_i^2$$

则

$$\frac{\partial S}{\partial b} = 0 = 2b\sum_{i=1}^{n} x_i^2 + 2a\sum_{i=1}^{n} x_i - 2\sum_{i=1}^{n} x_i y_i$$

$$\frac{\partial S}{\partial a} = 0 = 2b\sum_{i=1}^{n} x_i + 2an - 2\sum_{i=1}^{n} y_i$$

由上两式联立可解出 a，b 分别为

$$b = \frac{\sum_{i=1}^{n} x_i \sum_{i=1}^{n} y_i - n \sum_{i=1}^{n} x_i y_i}{(\sum_{i=1}^{n} x_i)^2 - n \sum_{i=1}^{n} x_i^2}$$

$$a = \frac{\sum_{i=1}^{n} x_i y_i \sum_{i=1}^{n} x_i - \sum_{i=1}^{n} y_i \sum_{i=1}^{n} x_i^2}{(\sum_{i=1}^{n} x_i)^2 - n \sum_{i=1}^{n} x_i^2}$$

按表 2-4 所列数据代入，得 $b=-1.660\times10^{-3}$，$a=9.046$。

比较以上三种处理方法的（bx_i+a-y_i）$\times10^3$（见表 2-4），可知最小二乘法为最小。

除了以上介绍的基本方法以外，还可以利用一些现成的数据处理软件如 Excell、Origin 等，对实验数据进行线性或多项式拟合，求出拟合参数，可以很方便地得到变量间的数学方程式。

第三章 实 验 仪 器

第一节 热 电 偶

一、原理

将两种金属导线 A 和 B 的两端分别焊接在一起。保持一个接点（称为冷端、参考端或自由端）的温度 T_0不变，改变另一个接点（称为热端、测量端或工作端）的温度 T，则在线路里会产生相应的热电势（见图 3-1a）。这一热电势由两部分构成：一部分是在接点处因两种金属的自由电子密度不同，由电子扩散而形成的电势差（电子密度大的金属为正极）；另一部分是在导体内，高温处比低温处自由电子扩散的速率大，同样由电子扩散形成电势差（温度高的一边为正极）。这两部分电位差合起来构成的热电势与热端的温度有关，而与导线的长短、粗细和导线本身的温度分布无关。因此，只要知道热端温度与热电势之间的对应关系，测得热电势即可求出热端温度。

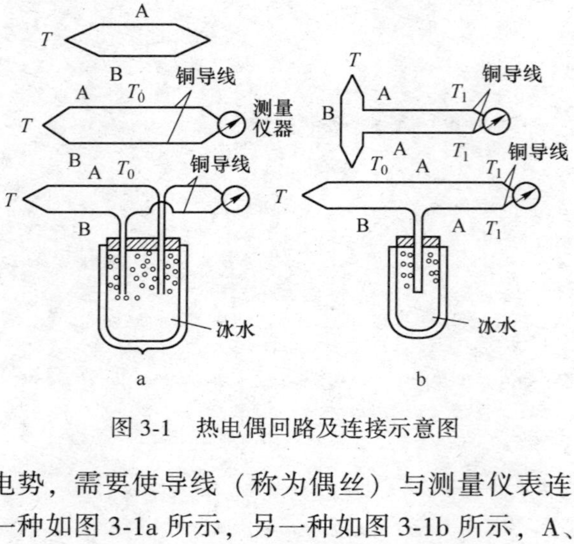

图 3-1　热电偶回路及连接示意图

为了测量热电势，需要使导线（称为偶丝）与测量仪表连成回路。通常有两种连接方式：一种如图 3-1a 所示，另一种如图 3-1b 所示，A、B 偶丝的 T_0端，都浸在冰水中，由 T_0处到测量仪表的导线为铜导线，测量仪表也可以看作是铜导线，因此图 3-1b 的回路与图 3-1a 等效；由于铜导线与偶丝 A 的两接点均为室温 T_1，同理，此回路也与图 3-1a 等效。

热电偶测温有许多优点：如灵敏度高（若将热电偶串联组成电堆，灵敏度可达 0.000 1℃），重现性好，量程宽，容易实现远距离测量、自动记录和自动控制等，因而在科学实验和工业生产中获得了广泛的应用。

二、分类

热电偶的种类很多，下面介绍常用的几种。

（1）铂铑-铂热电偶。它通常由直径 0.35～0.5mm 的纯铂丝和铂铑丝（铂 90%、铑 10%）做成，分度号以 S 表示。它可在 1300℃以内长期使用，短期可测 1600℃。这种热电偶的稳定性和重现性均很好，因此可用于精密测温和作为基准热电偶。缺点是价格高，低温区热电势太小和不适于在高温还原气氛中使用。

（2）镍铬-镍硅（铝）热电偶。它由镍铬（镍 90%、铬 10%）和镍硅丝（镍 97%、硅 2.5%～3.0%、钴≤0.6%）做成，分度号为 K，在氧化性和中性介质中 1000℃以内长期使用，短期可测 1200℃。这种热电偶有良好的复制性，热电势大，线性好，价格便宜，测量精度虽较低，但能满足一般要求，故是最常用的一种热电偶。目前我国已开始用镍硅材料代替镍铝合金，使在抗氧化和热电势稳定性方面都有所提高。由于这两种热电偶的热电性质几乎完全一致，故可互相代用。

（3）铜-康铜热电偶。它由铜和康铜丝（铜 60%、镍 40%）做成，分度号为 T。特点是热电势较大，价格便宜，实验室中易于制作。但其重现性不佳，只能在低于 350℃使用。为解决对热电偶小型化、寿命和结构坚固的要求，在 1960 年发展了一种由金属套管、陶瓷绝缘粉和热电偶三者组合加工而成的铠装热电偶。当使用温度不超过 1000℃时，多用不锈钢作套管，电熔氧化镁作绝缘材料，由后者把热电偶丝固定在套管中间。各种热电偶的外径通常是 2mm，最小可达 0.25mm。其特点是：1）热惰性小，反应快，如外径为 1.6mm 的热电偶，其动态响应时间常数不超过 1.2s；2）测量端热容量小，在热容量较小的被测物体上，也能测得较准确的温度。3）挠性好，套管材料经过了退火处理，可以任意弯曲，故能适应复杂设备上的安装要求；4）强度高；5）寿命长。

三、使用方法

为了避免热电偶遭受被测介质的侵蚀和便于安装，使用保护管是必要的。根据温度要求，可用石英、刚玉、耐火陶瓷作保护管，低于 600℃可用硬质玻璃管。在实验工作中有时为了提高测温和控温的反应速度，在对热电偶损害不大的气氛中短期使用，可以不用保护管，但这时应经常进行校正工作，结果才可靠。

除了专用的自动平衡记录仪可以直接读出热电偶所测温度外，一般都是先测出热电势的电压，再根据该热电偶的分度号，在其分度表上查出相应的温度。表明热电偶的热电势与温度对应关系的分度表，都是在冷端温度保持 0℃时得到的，因此使用时最好能保持这一条件，即直接把热电偶冷端（或用补偿导线把冷端引出来）放在冰水浴。如果没有冰水，则应使冷端处于较恒定的室温，在确定温度时，须将测得的热电势加上 0℃到室温的热电势，然后再查分度表，即得到所测实际温度。

第二节　电 导 率 仪

目前，电解质溶液的电导主要采用电导率仪直接测定，其特点是速度快、可直读、操作简便。虽然电导率仪的种类繁多，但其基本原理大致相同。目前国内广泛使用的 DDS-11 型电导率仪和 DDS-11A 型电导率仪，是测定各种液体介质电导率的仪器。这两种仪器是直式的，测量广，操作简便，若配上自动平衡记录仪，可以自动记录电导值的变化状况。下面以 DDS-11A 型电导率仪为例来简单介绍一下电导率仪的原理及使用方法。

一、结构

DDS-11A 型电导率仪的面板示意图，如图 3-2 所示。

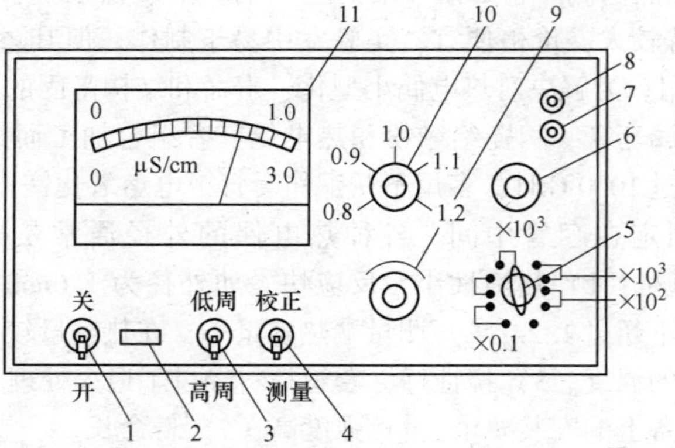

图 3-2　DDS-11A 型电导率仪的面板图

1—电源开关；2—指示灯；3—高、低周开关；4—校正、测量开关；5—量程选择开关；6—电容补偿调节器；7—电极插口；8—10mV 输出插口；9—校正调节器；10—电极常数调节器；11—表头

二、测量原理

图 3-3 中稳压电源输出稳定的直流电势，供给振荡器和放大器，使它们工作

在稳定状态。振荡器输出电压不随电导池电阻 R_x 的变化而改变，从而为电阻分压回路提供一个稳定的标准电势 E。电阻分压回路由电导池 R_x 和测量电阻箱 R_m 串联组成。E 加在该回路 A、B 两端，产生测量电流 I_x。根据欧姆定律：

$$I_x = \frac{E}{R_x + R_m} = \frac{E_m}{R_m}$$

$$E_m = \frac{ER_m}{R_x + R_m} = \frac{E_m R_m}{R_m + 1/G}$$

式中，G 为电导池溶液电导，S。

上式中 E 不变，R_m 经设定后也不变，所以电导 G 只是 E_m 的函数。E_m 经放大检波后，在显示仪表（直流电表）上，将电导值换算成电导率值显示出来。

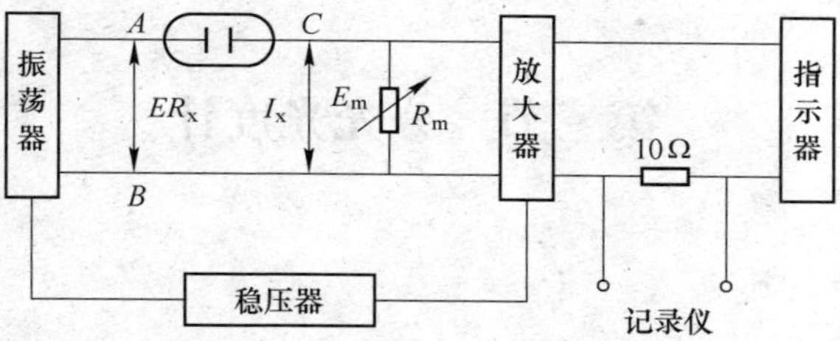

图 3-3 DDS-11A 电导率仪原理图

三、使用方法

（1）未开电源开关前，观察表针是否指零。如不指零，可调节表头上的螺丝，使表针指零。

（2）将校正测量开关 4（图 3-2）扳在“校正”位置。

（3）插接电源线，打开电源开关，预热数分钟，调节校正调节器 9 使电表满刻度指示。

（4）当使用前 8 个量程来测量电导率低于 300μS/cm 的液体时，开关 3 扳到“低周”；当使用后 4 个量程测量电导率为 300~500μS/cm 的液体时，将开关 3 扳向“高周”。

（5）将量程选择开关 5 扳到所需要的测量范围。如果预先不知道被测液体电导率的大小，则应先将量程开关扳到最大电导率测量挡，然后逐挡下降的去测量，找到合适的量程，以防表针打弯。

（6）电极的使用。用电极杆上的电极夹夹紧电极的胶木帽，将电极插头插入电极插口 7 内，旋紧插口上的紧固螺丝，再将电极浸入待测溶液中。把电极常数调节器 10 旋在该电极的电极常数位置处。电极常数的数值已贴在胶木帽上（注：当被测液的电导率低于 10μS/cm 时，使用 DJS-1 光亮电极；当被测液的电导率为 10～10^4 μS/cm 时，使用 DJS-1 型铂黑电极；当被测液的电导率大于 10^4μS/cm,以至于用 DJS-1 型电极测不出时，选用 DJS-10 型铂黑电极。此时应将调节器 10 旋在所用指针的 1/10 电极数位置上)。

(7) 进行校正，将校正测量开关 4 扳在“校正”，调节校正调节器 9 使电表指针满刻度。注意：为了提高测量精度，当使用$\times 10^3$ μS/cm，$\times 10^4$ μS/cm 两个挡位时，校正必须在电导池接妥（电极插头插入插孔，电极浸入待测液中）的情况下进行。

(8) 进行测量，将开关 4 扳在“测量”，这时指针指示数乘以量程开关 5 的倍率即为被测液的实际电导率。

(9) 若要了解在测量过程中电导率的变化情况，把 10mV 输出插口 8 接至自动平衡记录仪即可。

第三节　分光光度计

一、原理

分光光度计的基本原理是基于物质对光的吸收效应。物质对不同波长的光的吸收是有选择性的，各种不同的物质都有各自的吸收光带。当色散后的光谱通过某一溶液时，其中某些波长的光线会被溶液吸收。在一定的波长下，溶液中某种物质的浓度与光的吸收效应是互成比例的，因此应用分光光度计测定一定波长的光线通过溶液中吸光物质（溶质）时的透光率或光密度，即可利用朗伯-比尔定律的公式计算出溶液的浓度。

根据朗伯-比尔定律，当入射光波长、溶剂、溶质以及溶液的温度一定时，溶液的光密度与液层的厚度和溶液的浓度成正比。若液层的厚度也一定，则溶液的光密度只与溶液的浓度成正比。

$$T = \frac{I}{I_0}$$

$$D = -\lg T = \lg \frac{1}{T} = \varepsilon c l$$

$$c = \frac{D}{\varepsilon l} = -\frac{\lg T}{\varepsilon l}$$

式中　c——溶液浓度，mol/L；

D——某一单色光波长下的光密度（又称吸光度 A 或消光度 E）；

I_0——入射光强度（入介质前），cd；

I——透射光强度（出介质后），cd；

T——透射比（用百分比表示即为透光率），即 I/I_0；

ε——摩尔吸收因数（或摩尔消光因数），L/(mol·cm)；

l——溶液液层厚度，cm。

由于吸光物质对波长具有选择性，所以当溶液的液层厚度、浓度、溶剂、溶质和温度不变时，用不同波长的入射光测得一系列对应的光密度，以波长作横坐标，光密度作纵坐标，绘制吸收光谱图。选其中最大吸收时的波长作为比色分析时的入射光波长，可以提高测定的精确度。

二、72 型分光光度计的结构及使用方法

（一）72 型分光光度计的结构

72 型分光光度计适用于可见光区的吸收光谱的测量，波长范围为 420～700nm，其光学系统示意图如图 3-4 所示。光度计由钨丝灯泡 1 作为光源，通过进光狭缝 2，由反射镜 3 反射，通过透镜 4 成平行光，进入棱镜 5，经棱镜色散成各种波长的单色光，由可转动的镀铝反射镜 6 反射，其中一束光通过透镜 7 聚光于出光狭缝 8。转动镀铝反光镜即可得所需要波长的单色光。此单色光经吸收池 9 与光量调节器 10 达到硒光电池 11，产生的光电流由微电流计 12 读数，即表示光的强弱，从而可以测得溶液中吸光物质的光密度。

本仪器由单色光器、微电流计和稳压器三部分组成。另有一盒不同尺寸的比色皿。仪器各部分之间的连接是用低压连接线。由单色光器接至稳压器的输出接线柱上。微电流计连接线的一端，按导电片上套管的颜色接于单色光器接线柱上；红色套管导电片接在“+”，绿色套管导电片接在“-”，黄色套管导电片是接“地”，另一端接到微电流计上；红线接在“+”，绿线接“-”。

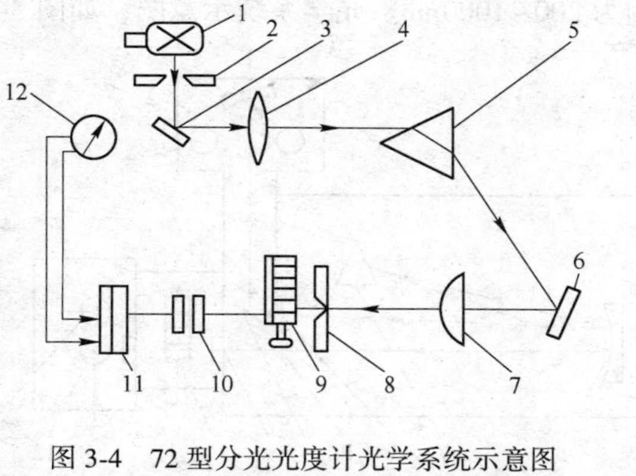

图 3-4 72 型分光光度计光学系统示意图

1—钨丝灯泡；2—进光狭缝；3，6—反射镜；4，7—透镜；5—玻璃棱镜；8—出光狭缝；9—吸收池；10—光量调节器；11—硒光电池；12—微电流计

（二）使用方法

（1）把光路闸门拨到“黑”点位置，打开微电流计电源开关，用零位调节器把光点准确调到透光率标尺“0”位上。

（2）开稳压器电源开关和单色光器电源开关。光路闸门拨到“红”点上，再按顺时针方向调节光量调节器，使微电计光点达到标尺右边上限附近，约10min，待硒光电池趋于稳定后再使用仪器。

（3）将光路闸门重新拨至“黑”点，校正微电流计“0”位，再开光路闸门。

（4）在四只比色皿中，一只装空白溶液或蒸馏水，其余三只装未知溶液。先使空白溶液正对于光路上，用波长调节器调至所需波长，旋动光量调节器把光点调到透光率“100”的读数上。

（5）然后将比色皿拉杆拉出一格，使每2个比色皿的未知溶液进入光路，此时微电流计标尺上的读数即为溶液中溶质的光密度或透光率，然后测定另两个未知液。

为了选择合适的波长，也可使待测溶液处于光路中，逐渐转动波长调节器，所得与光密度最大值相对应的波长即为最佳波长。

在被测溶液色度不太强的情况下，尽量采用较低的光源电压（即5.5V），以延长灯泡使用寿命。仪器连续使用不应超过2h。

三、751型分光光度计的结构及作用方法

（一）751型分光光度计的结构

751型分光光度计适用于测定各种物质在紫外区、可见光区和近红外区的吸收光谱，波长范围为200~1000nm。光学系统示意图，如图3-5所示。

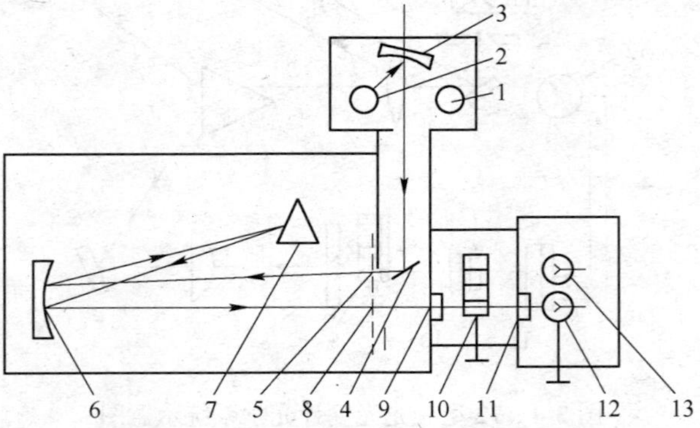

图3-5　751型分光光度计光学系统示意图

1—钨丝灯；2—氢弧灯；3—凹面反射镜；4—平面反射镜；5—入射狭缝；6—球面准直镜；7—石英棱镜；8—出射狭缝；9—滤光片；10—吸收池；11—光路闸门；12—蓝敏光电管；13—红敏光电管

光源室装有两个光源：波长在 320～1000nm 内，用钨丝灯；在 200～320nm 用氢弧灯。光源室后面有一光源选择杆带动凹面反射镜 3，向右移动，钨丝灯进入光路；向左移动，氢灯进入光路。光线射到反射镜 4 上，然后反射至入射狭缝 5，光线正好位于球面准直镜 6 的焦面上。反射后以一束平行光射向棱镜 7（该棱镜背面镀铝）。入射光穿过棱镜经底面反射，又穿出棱镜。经过棱镜的色散作用，分成光谱带。色散后的光线经准直镜 6 反射后，经出射狭缝 8、滤光片 9 进入吸收池 10，透过试样的光射到光电管上。

（二）使用方法

751 型分光光度计的面板图如图 3-6 所示。

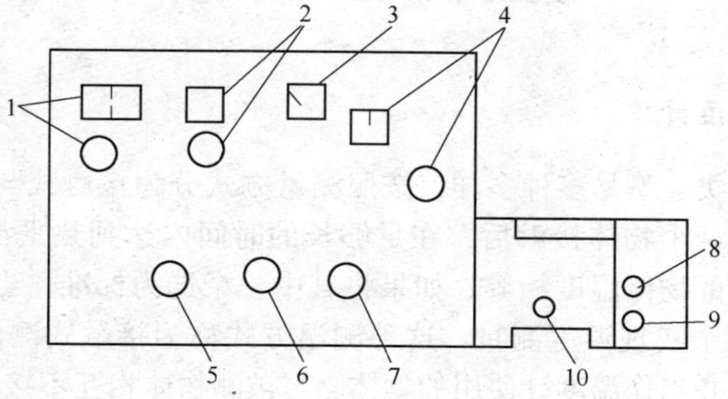

图 3-6 751 型分光光度计的面板图

1—波长刻度；2—读数电位器；3—微电流计；4—狭缝选择；5—选择开关；6—灵敏度旋钮；7—暗电流旋钮；8—暗电流闸门；9—光电管选择；10—吸收池手柄

仪器通电后预热 20min，确保仪器稳定工作。

（1）将暗电流闸门 8 放在“关”的位置。

（2）将选择开关 5 旋到“校正”位置。

（3）将波长刻度 1 旋在所要的波长上。

（4）选择与所测波长范围相匹配的光电管和光源灯。手柄推入紫色光电管（200～625nm），手柄拉出红色光电管（625～1000nm）。

（5）根据波长选择比色皿。波长大于 350nm，用玻璃比色皿；波长在 350nm 以下用石英比色皿。将比色皿放入托架内，其中一个为空白溶液，三个为被测溶液，然后把盖板盖好。

（6）调节暗电流使微电流计 3 指针回到零。

（7）灵敏度旋钮位置是从左面停止位置顺时针方向转动 3 圈左右。

（8）移动吸收池手柄 10，将空白溶液移到光路中，把读数电位器 2 放在透光率 100%处。

(9) 把选择开关5放置到“×1”上，拉开暗电流闸门8，使单色光进入光电管，调节狭缝使微电流计指针接近零。再用灵敏度旋钮6细致调节使微电流计准确指零。

(10) 将被测溶液置于光路中，这时微电流计指针偏离“0”位，旋转读数电位器度盘重新使指针至零，从度盘上即可读取透光率或相应的消光值。

(11) 当透光率小于10%时，选择开关放置“×0.1”挡，读数也相应乘“0.1”。

(12) 测量完毕后及时推入暗电流闸门，以保护光电管。

第四节 温度计

一、水银温度计

温度计的种类、型号多种多样，按照测量方式分为接触式与非接触式两类。所谓接触式，即两个物体接触后，在足够长的时间内达到热平衡（动态平衡），两相互为热平衡的物体温度相等。如果将其中一个选为标准，当作温度计使用，它就可以对另一个实现温度测量，这种测温方式称为接触式测温。所谓非接触式，即选为标准并当作温度计使用的物体，与被测物体相互不接触，利用物体的热辐射（或其他特性），通过对辐射强度的检测实现测量，这种测温方式称为非接触式测温。

水银温度计是最常用的测温工具，它的测温原理是基于不同温度时的水银体积的变化与玻璃体积变化的差来反映温度的高低。其优点是构造简单，读数方便，具有较高的精确度，价格便宜，测量范围较宽，一般适用于-25~360℃（水银的熔点是-38.7℃，沸点是356.7℃）。如采用石英玻璃制成，毛细管内充高压惰性气体如Ne、Ar等时，测量范围可扩大到750℃以上，高温水银温度计的顶部有一个安全泡，防止毛细管内的气体压强过大而引起贮液泡的破裂。但是水银温度计的缺点是易损坏，损坏后无法修理。且读数易受许多因素的影响而引起误差。譬如，水银温度计长期使用后由于温度计玻璃性质有所改变，因而其形状和体积也将发生变化，并且在测温时温度计的玻璃各部分受热不均匀而使指示的温度与实际的发生偏差。

(一) 水银温度计的种类和使用范围

(1) 一般使用。-5~105℃、150℃、250℃、360℃等，每分度1℃或0.5℃。

(2) 供量热学用。9~15℃、12~18℃、15~21℃、18~24℃、20~30℃等，每分度0.01℃。目前广泛应用间隔为1摄氏度的量热温度计，每分度0.002℃。

(3) 测温差的贝克曼温度计。它是一种移液式的内标温度计，测量范围

-20~+150℃，专用于测量温差。

（4）电接点温度计。可以在某一温度点上接通或断开，与电子继电器等装置配套，可以用来控制温度。

（5）分段温度计。从-10~200℃，共有24支。每支温度范围10℃，每分度0.1℃，另外有-40~400℃，每隔50℃一支，每分度0.1℃。

（二）温度计的校正

在精确测量中，为消除系统误差，使用前需对温度计进行校正。

（1）零点校正（冰点校正）。因为玻璃属于一种过冷液体，属于热力学不稳定系统，体积随时间有所改变。另外，当玻璃受到暂时加热后，玻璃球不能立即回到原来状态，这些因素都会引起零点的改变，使得读数与真实值不符，因此进行零点校正。校正的方法通常用待校温度计测量纯物质的相变点（如纯水的冰点），也可用一套标准温度计进行比较校正。校正时，将待校温度计与标准温度计捆在一起，使它们的水银球一端并齐，然后浸在恒温槽中，逐渐升高槽温，用测高仪或直接同时读取两者的读数，即可做出校正曲线进行校正。

（2）露茎校正。为保证示值的准确，测量温度时将水银温度计的玻璃杆浸入被测系统中只露出很小一段（一般不超过10mm），以便读数，这样读数的温度计叫全浸式水银温度计。利用水银温度计测温时，理应将温度计全浸没于被测介质中，但实际是不可能的，往往只将水银球浸入被测介质中而让温度计杆露于介质外面，则读数准确性将受到两方面的影响：一是露出部分的水银和玻璃的温度与浸入部分的不同，且随环境温度而改变，因而其膨胀情况亦不同；第二是露出部分长短不同受到的影响也不一样。为此，必须予以校正，这种校正称为露茎校正。

校正方法如图3-7所示。露茎校正公式是：

$$\Delta t_{露茎} = KL(t_{观} - t_{环})$$

式中 K——水银对玻璃的相对体膨胀系数，$K=0.000157$；

L——露茎高度，水银柱露于被测介质之外的高度，以刻度数和温度差值表示，cm；

$t_{观}$——测量温度计上的读数，℃；

$t_{环}$——环境温度，即是附在测量温度计上的辅助温度计之读数（辅助温度计的水银球应置于测量温度计露在空气部分的水银柱中间为宜），℃。

计算出的$\Delta t_{露茎}$（注意正、负值）加在$t_{观}$上即为校正后的温度。

$$t_{真实} = t_{观} + \Delta t_{露茎}$$

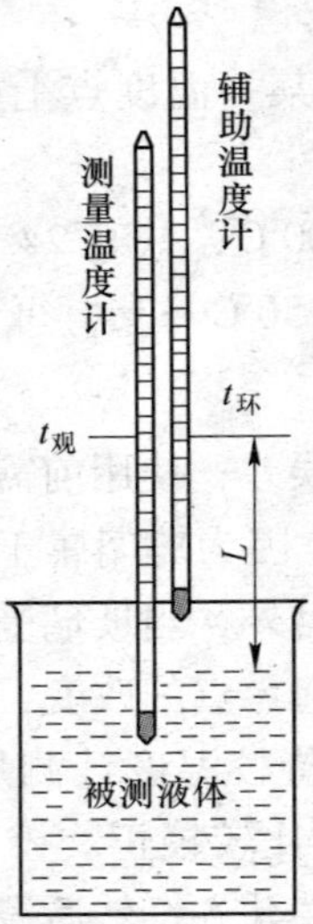

图 3-7　露茎校正

二、贝克曼温度计

在物理化学实验中，常常需要对系统的温度差进行精确的测量，诸如燃烧热的测定，中和热的测定及凝固点降低法测定分子量等，均要求温度测量精确到千分之二度，然而普通温度计往往不能达到如此精确度，而需要贝克曼温度计进行测量。

（一）贝克曼温度计的结构

贝克曼温度计为一特殊内封型水银温度计，是水银球中水银量可以调节、测量温度差的水银玻璃温度计，其构造如图 3-8 所示，由一根较长的均匀毛细管连接水银球及水银球贮槽，毛细管与刻度尺封在玻璃管内。水银球体积较大，温度计刻度一般间隔为 5℃，每刻度 100 等分。贝克曼温度计主要用于测定微小的“温度变化”，测定任意距其基点温度（变化前的平衡温度）在 5~6℃间的温差，而非实际温度（实际温度在头部水银与 S 形管水银连接后，在“实际温度刻划区”可约略读出）。水银球中水银量越少，所测温度越高。水银球中水银量越多，所测温度越低。

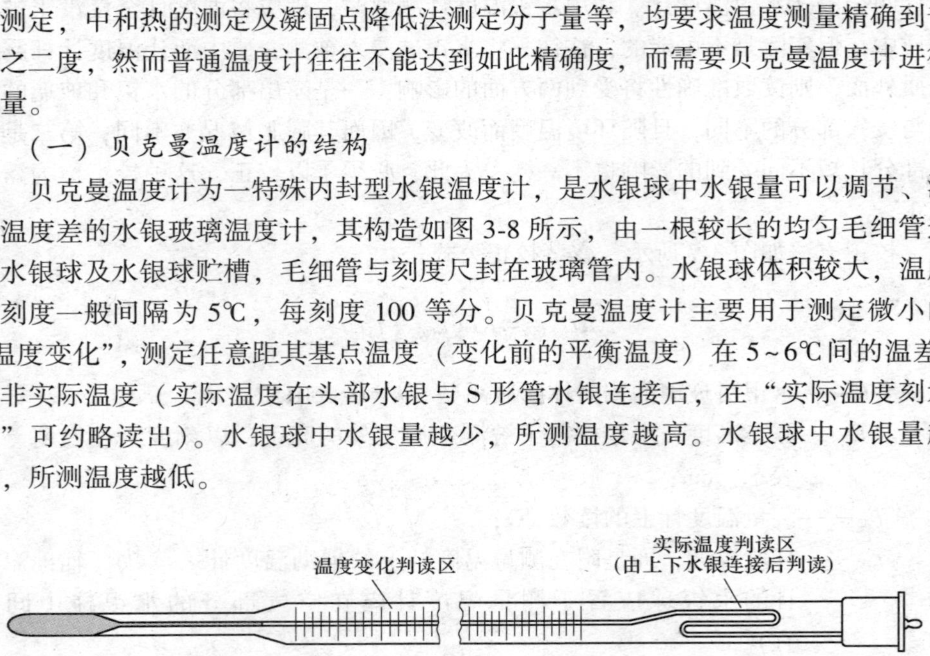

图 3-8　贝克曼温度计构造图

（二）贝克曼温度计的特点

（1）刻度精细。刻度间隔为0.01℃，用放大镜可以估读至0.002℃，测量精密度较高。

（2）温差测量。由于水银球中的水银量是可变的，因测水银柱的刻度值就不是温度的绝对读数，只能在5~6℃量程范围内读出温度差ΔT。

（3）使用范围较大（-20~+120℃范围内）。这是因为它与普通水银温度计不同，在它的毛细管上端装有一个辅助水银贮槽，可用来调节水银球中的水银量，因此可以在不同的温度范围内使用。

（三）贝克曼温度计温度量程的调节方法

1. 恒温浴调解法

（1）首先确定所使用的温度范围。例如测量水溶液凝固点的降低需要能读出1~5℃之间的温度读数；测量水溶液沸点的升高则希望能读出99~105℃之间的温度读数；至于燃烧热的测定，则室温时水银柱示值在2~3℃之间最为适宜。

（2）根据使用范围，估计当水银柱升至毛细管末端弯头处的温度值。一般的贝克曼温度计，水银柱由刻度最高处上升至毛细管末端，还需要升高2℃左右。根据这个估计值来调节水银球中的水银量。例如测定水的凝固点降低时，最高温度读数拟调节至1℃，那么毛细管末端弯头处的温度应相当于3℃。

（3）将贝克曼温度计浸在温度较高的水中，使毛细管内的水银柱升至毛细管末端，并在球形出口处形成滴状，然后从水中取出温度计，将其倒置，即可使它与贮管中的水银相连接。

（4）另用一恒温浴，将其调至毛细管末端弯头所应达到的温度，把贝克曼温度计置于该恒温浴中，恒温3min以上。

（5）取出温度计，用右手紧握它的中部，使其近乎垂直，用左手轻击右手小臂。这时水银即可在弯头处断开。温度计从恒温浴中取出后，由于温度差异，水银体积会迅速变化，因此，这一调节步骤要求迅速、轻快，但不必慌乱，以免造成失误。

（6）将调节好的温度计置于预测温度的恒温浴中，观察其读数值，并估计量程是否符合要求。例如凝固点降低法测摩尔质量中，可用0℃的冰水浴予以检验，如果温度值落在3~5℃处，意味着量程合适。若偏差过大，则应按上述步骤重新调节。

2. 标尺读数法

对操作比较熟练的人可采用此法。该法是直接利用贝克曼温度计上部的温度标尺，而不必另外用恒温浴来调节，其操作步骤如下：

（1）首先估计最高使用温度值。

（2）将温度计倒置，使水银球和毛细管中的水银徐徐注入毛细管末端的球部，再把温度计慢慢倾斜，使贮槽中的水银与之相连接。

（3）若估计值高于室温，可用温水，或倒置温度计利用重力作用，让水银流入水银贮槽，当温度标尺处的水银面到达所需温度时，轻轻敲击，使水银柱在弯头处断开；若估计值低于室温，可将温度计浸于较低的恒温浴中，让水银面下降至温度表尺上的读数正好到达所需温度的估计值，同法使水银柱断开。

（4）根据实验需求调节合适的水银量。

（四）使用注意事项

（1）贝克曼温度计属于较贵重的玻璃仪器，由薄玻璃制成，并且毛细管较长，比一般水银温度计长得多，易受损坏。所以一般应放置温度计盒中，或者安装在使用仪器架上，或者握在手中，不应任意放置。

（2）调节时，注意勿让它受剧热或剧冷，以防止温度计破裂。另外操作时动作不可过大，避免重击，并与实验台要有一定距离，以免触到实验台上损坏温度计。

（3）在调节时，如温度计下部水银球的水银与上部贮槽中的水银始终不能相接时，应停下来，检查一下原因。不可一味对温度计升温，致使下部水银过多地导入上部贮槽中。调节好的温度计，注意勿使毛细管中的水银柱再与贮槽里的水银相连接。

第五节　常用压缩气体钢瓶的使用

在物理化学实验中，经常要使用一些气体，例如燃烧热的测定实验中要使用氧气，气相色谱实验中要用到氢气和氮气。为了便于运输、贮藏和使用，通常将气体压缩成为压缩气体（如氢气、氮气和氧气等）或液化气体（如液氨和液氯等），灌入耐压钢瓶内。当钢瓶受到撞击或高温时就会有发生爆炸的危险。另外有一些压缩气体或液化气体则有剧毒，一旦泄漏，将造成严重的后果，因而在物理化学实验中，正确地和安全地使用各种压缩气体或液化气体钢瓶是十分重要的。

一、使用钢瓶时必须注意下列事项

（1）在气体钢瓶使用前，要按照钢瓶外表油漆颜色、字样等正确识别气体种类，切勿误用，以免造成事故。如钢瓶因使用日久后色标脱落，应及时按上述规定进行漆色，标注气体名称和涂刷横条。

（2）气体钢瓶在运输、贮存和使用时，注意勿使气体钢瓶与其他坚硬物体撞击，或曝晒在烈日下以及靠近高温处，以免引起钢瓶爆炸。钢瓶应定期进行安全检查，如进行水压试验、气密性试验和壁厚测定等。

（3）严禁油脂等有机物沾污氧气钢瓶，因为油脂遇到逸出的氧气就可能燃烧，如已有油脂沾污，则应立即用四氯化碳洗净。氢气、氧气或可燃气体钢瓶严禁靠近明火。

（4）存放氢气钢瓶或其他可燃性气体钢瓶的房间应注意通风，以免漏出的氢气或可燃性气体与空气混合后遇到火种发生爆炸。室内的照明灯及电气通风装置均应防爆。

（5）原则上有毒气体（如液氯等）钢瓶应单独存放，严防有毒气体逸出，注意室内通风，最好在存放有毒气体钢瓶的室内设置毒气鉴定装置。

（6）若两种钢瓶中的气体接触后可能引起燃烧或爆炸，则这两种钢瓶不能存放在一起。如氢气瓶和氧气瓶，氢气瓶和氯气瓶等。氧、液氯、压缩空气等助燃气体钢瓶严禁与易燃物品放置在一起。

（7）钢瓶应放在阴凉，远离电源、热源（如阳光、暖气、炉火等）的地方，并加以固定，防止滚动或跌倒。为确保安全，最好在钢瓶外面装置橡胶防震圈。液化气体钢瓶使用时一定要直立放置，禁止倒置使用。

（8）高压钢瓶必须要安装好减压阀后方可使用。一般，可燃性气体钢瓶上阀门的螺纹为反扣的（如氢、乙炔），其他则为正扣的。各种减压阀绝不能混用，开闭气阀时，操作人员应避开瓶口方向，站在侧面，并缓慢操作，不能猛开阀门。

（9）钢瓶内气体不能完全用尽，应保持在 0.05MPa 表压以上的残留压力，以防止外界空气进入气体钢瓶，在重新灌气时发生危险。

（10）钢瓶须定期送交检验，合格钢瓶才能充气使用。

二、氧气钢瓶减压器的使用

（1）依使用要求的不同，氧气减压器有多种规格。最高进口压力大多为 15MPa，最低进口压力应不小于出口压力的 2.5 倍，出口压力规格较多，最低为 0~0.1MPa，最高为 0~4MPa。

（2）安装减压器时应确定其连接尺寸规格是否与钢瓶和使用系统的接头相一致，接头处需用垫圈。安装前须瞬时开启气瓶阀吹除灰尘，以免带进杂质。

（3）氧气减压器严禁接触油脂，以免发生火警事故。减压器及扳手上的油污应用酒精擦去。

（4）停止工作时，应将减压器中余气放净，然后再拧松调节螺杆，以免弹性元件长久受压变形。

（5）减压器应避免撞击振动，不可与腐蚀性物质接触。

第六节　UJ31 型低电势直流电位差计

电位差计在物理化学实验中应用非常广泛，主要用于测量电池电动势和校正各种电表，可分为低电势电位差计和高电势电位差计两类，可根据待测体系不同选择不同类型的电位差计。

一、直流电位差计测量原理及其实验电路

直流电位差计是利用直流补偿原理制成的精确测量电压的一种仪器，补偿法是一种比较测量法。用电位差计测量电压，是将未知电压与电位差计上的已知电压相比较，它不像伏特计那样要从待测线路中分流，因而不干扰待测电路，测量结果仅仅依赖于准确度极高的标准电池、标准电阻和高灵敏度的检流计。它的准确度可以达到 0.01%或更高，是精密测量中应用最广泛的仪器。应用电势差计测量电动势有以下优点：（1）测量线路的电势不会因为接入电位差计而发生任何变化；（2）不需要测出线路中所流过电流 I 的数值；（3）如采用高灵敏度的检流计可使测量结果极为准确。

UJ31 型电势差计的使用电路由 UJ31 型低电势直流电位差计、AC5/2 型直流指针式检流计、YJ24 型晶体管稳压电源、饱和标准电池、电阻箱、标准电阻（0.1Ω）、70Ω 电阻、单刀单掷开关、连接导线等组成。电位差计面板图如图 3-9 所示。

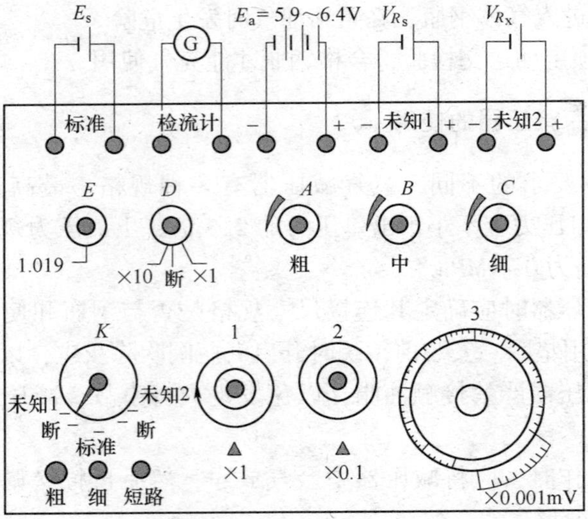

图 3-9　电位差计面板示意图

二、使用注意事项

（1）按线路图要求连接线路，晶体管稳压电源、饱和标准电池、未知电阻和标准电阻连接到电位差计时注意电压头的正、负极性。

（2）电位差计面板图中 E_a=5.7~6.4V 是连接晶体管稳压电源。线路经检查正确后，方可打开电源，以免烧毁电源。

（3）实验中电位差计 *D*（用×1 挡）、*K* 旋钮不能放在“断”位置。

（4）测量前必须先调节检流计零点（将小旋钮移向“白色圆点”），再校验电位差计“标准”（调节“粗”“中”“细”旋钮）。

（5）调节平衡时，严禁将检流计的“电计”按钮及电位差计的“粗”“细”按钮同时锁住，以免损坏检流计。先按下“粗”并转一角度锁住，同时用手压住“电计”调节读数盘以防指针急速偏转立即松手，估算一下电压值再进行“细”调。

（6）晶体管稳压电源没有连接电位差计时，请不要打开电源，否则会烧毁电源。

（7）请避免使用 0.001mV 大盘的空挡，造成测量过程中检流计指针突然不动。

三、常见故障排除

（1）检流计指针往一边偏，原因是标准电阻和未知电阻正、负极接反，需重新按线路图电流回路连接线路。

（2）检流计指针左右晃动不停，原因可能是晶体管稳压电源电压不稳或超过 6.4V 电压需修理。

（3）测量过程中检流计指针突然不动，原因可能是要避开使用 0.001mV 大盘的空挡、单刀开关没有闭合、接线柱没拧紧或断开，需闭合单刀开关、拧紧接头或换导线。

四、维护与保养

（1）检流计在周围空气温度 5~35℃ 范围内、相对湿度 80% 以下的室内应用，空气中不应有可致腐蚀的有害杂质。

（2）将小旋钮移向白色圆点位置，并用零位调节器将指针调零。

（3）检流计指针摆动不停，用手轻触几下“短路”按钮指针立即停止，手松开。

（4）检流计使用完毕后必须将小旋钮移向“红色圆点”位置，同时将“电计”按钮放松。

（5）电位差计使用完毕后必须将“粗”“细”按钮放松，K旋钮放在“断”位置，读数盘恢复到零位。

第七节 旋 光 仪

一、旋光现象和旋光度

一般光源发出的光，其光波在垂直于传播方向的一切方向上振动，这种光称为自然光，或称非偏振光；而只在一个方向上有振动的光称为平面偏振光。当一束平面偏振光通过某些物质时，其振动方向会发生改变，此时光的振动面旋转一定的角度，这种现象称为物质的旋光现象，这种物质称为旋光物质，许多物质具有旋光性。旋光物质使偏振光振动面旋转的角度称为旋光度，其方向和大小与物质的立体结构有关。对于溶液而言，旋光度还与其浓度有关。

二、旋光仪的构造原理

旋光仪是用来测定物质旋光度的仪器，其主要元件是两块尼柯尔棱镜。尼柯尔（Nicol）棱镜就是利用旋光物质的旋光性而设计的，由两块方解石直角棱镜沿斜面用加拿大树脂粘合而成，如图3-10所示。一块尼柯尔棱镜固定在仪器的前端，用来产生偏振光。另一块尼柯尔棱镜固定在两保护玻璃之间，并随刻度盘同轴转动，用来测量偏振面的转动角度。

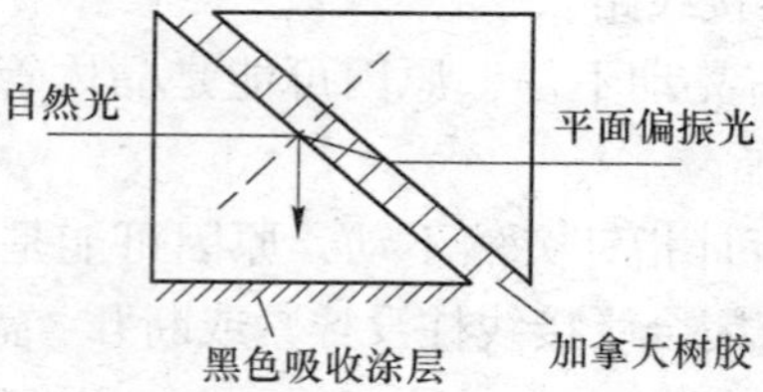

图3-10 尼柯尔棱镜

当一束单色光照射到尼柯尔棱镜时，分解为两束相互垂直的平面偏振光，一束折射率为1.658的寻常光，一束折射率为1.486的非寻常光，这两束光线到达加拿大树脂粘合面时，折射率大的寻常光（加拿大树脂的折射率为1.550）被全反射到底面上的墨色涂层而被吸收，而折射率小的非寻常光则通过棱镜，这样就获得了一束单一的平面偏振光。用于产生平面偏振光的棱镜称为起偏镜，如让起偏镜产生的偏振光照射到另一个透射面与起偏镜透射面平行的尼柯尔棱镜，则这束平面偏振光也能通过第二个棱镜，如果第二个棱镜的透射面与起偏镜的透射面垂直，则由起偏镜出来的偏振光完全不能通过第二个棱镜。如果第二个棱镜的透射面与起偏镜的透射面之间的夹角 θ 在 0°～90°之间，则光线部分通过第二个棱镜，此第二个棱镜称为检偏镜。通过调节检偏镜，能使透过的光线强度在最强和零之间变化。如果在起偏镜与检偏镜之间放有旋光性物质，则由于物质的旋光作用，使来自起偏镜的光的偏振面改变了某一角度，只有检偏镜也旋转同样的角度，才能补偿旋光线改变的角度，使透过的光的强度与原来相同。旋光仪就是根据这种原理设计的。旋光仪构造示意图如图 3-11 所示。

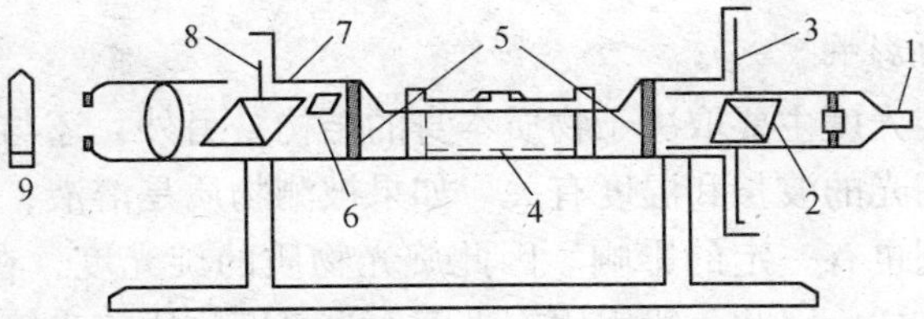

图 3-11 旋光仪构造示意图

1—目镜；2—检偏棱镜；3—圆形标尺；4—样品管；5—窗口；
6—半暗角器件；7—起偏棱镜；8—半暗角调节；9—灯

通过检偏镜用肉眼判断偏振光通过旋光物质前后的强度是否相同是十分困难的，这样会产生较大的误差，为此设计了一种在视野中分出三分视界的装置，原理是：在起偏镜后放置一块狭长的石英片，由起偏镜透过来的偏振光通过石英片时，由于石英片的旋光性，使偏振旋转了一个角度 Φ，通过镜前观察，光的振动方向如图 3-12 所示。

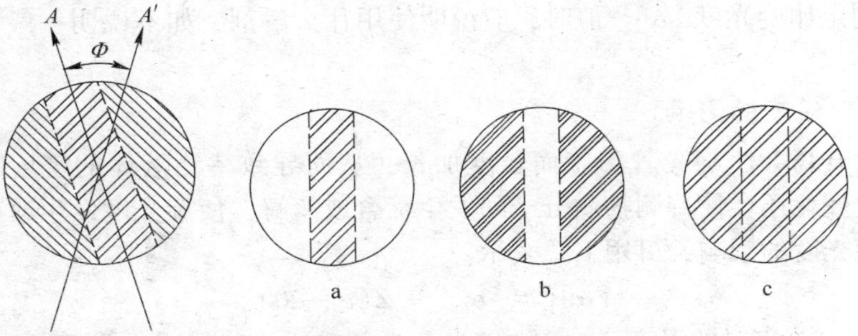

图 3-12 三分视野示意图

A 是通过起偏镜的偏振光的振动方向，A'是又通过石英片旋转一个角度后的振动方向，此两偏振方向的夹角 Φ 称为半暗角（$\Phi = 2° \sim 3°$），如果旋转检偏镜使透射光的偏振面与 A'平行时，在视野中将观察到：中间狭长部分较明亮，而两旁较暗，这是由于两旁的偏振光不经过石英片，如图 3-12b 所示。如果检偏镜的偏振面与起偏镜的偏振面平行（即在 A 的方向时），在视野中将是，中间狭长部分较暗而两旁较亮，如图 3-12a 所示。当检偏镜的偏振面处于 $\Phi/2$ 时，两旁直接来自起偏镜的光偏振面被检偏镜旋转了 $\Phi/2$，而中间被石英片转过角度 Φ 的偏振面对被检偏镜旋转角度 $\Phi/2$，这样中间和两边的光偏振面都被旋转了 $\Phi/2$，故视野呈微暗状态，且三分视野内的暗度是相同的，如图 3-12c 所示，将这一位置作为仪器的零点，在每次测定时，调节检偏镜使三分视界的暗度相同，然后读数。

三、影响旋光度的因素

（一）溶剂的影响

旋光物质的旋光度主要取决于物质本身的结构。另外，还与光线透过物质的厚度、测量时所用光的波长和温度有关。如果被测物质是溶液，影响因素还包括物质的浓度，溶剂也有一定的影响。因此旋光物质的旋光度，在不同的条件下，测定结果通常不一样。因此一般用比旋光度作为量度物质旋光能力的标准，其定义式为：

$$[\alpha]_t^{\mathrm{D}} = \frac{10\alpha}{LC}$$

式中 D——光源，通常为钠光 D 线；

t——实验温度，℃；

α——旋光度；

L——液层厚度，cm；

C——被测物质的浓度（以每毫升溶液中含有样品的质量表示），g/mL。

在测定比旋光度 $[\alpha]_t^{\mathrm{D}}$ 值时，应说明使用什么溶剂，如不说明一般指用水作为溶剂。

（二）温度的影响

温度升高会使旋光管膨胀而长度加长，从而导致待测液体的密度降低。另外，温度变化还会使待测物质分子间发生缔合或离解，使旋光度发生改变。通常温度对旋光度的影响，可用下式表示：

$$[\alpha]_t^{\lambda} = [\alpha]_t^{\mathrm{D}} + Z(t - 20)$$

式中 t——测定时的温度，℃；

Z——温度系数，$℃^{-1}$。

不同物质的温度系数不同，一般在 $-(0.01 \sim 0.04)℃^{-1}$ 之间。为此在实验测定时必须恒温，旋光管上装有恒温夹套，与超级恒温槽连接。

（三）浓度和旋光管长度对比旋光度的影响

在一定的实验条件下，常将旋光物质的旋光度与浓度视为成正比，因为将比旋光度作为常数。而旋光度和溶液浓度之间并不是严格地呈线性关系，因此严格讲比旋光度并非常数，在精密的测定中比旋光度和浓度间的关系可用下面的三个方程之一表示：

$$[\alpha]_t^\lambda = A + Bq$$

$$[\alpha]_t^\lambda = A + Bq + Cq^2$$

$$[\alpha]_t^\lambda = A + \frac{Bq}{C + q}$$

式中 q——溶液的百分浓度；

A，B，C——常数，可以通过不同浓度的几次测量来确定。

旋光度与旋光管的长度成正比。旋光管通常有 10cm、20cm、22cm 三种规格。经常使用的有 10cm 长度的。但对旋光能力较弱或者较稀的溶液，为提高准确度，降低读数的相对误差，需用 20cm 或 22cm 长度的旋光管。

四、旋光仪的使用方法

（1）打开电源开关，钠光灯在交流工作状态下起辉，经过 5min 待光源稳定后，从目镜中观察视野，如不清楚可调节目镜焦距。

（2）选用合适的样品管并洗净，充满蒸馏水（应无气泡），放入旋光仪的样品管槽中，调节检偏镜的角度使三分视野消失，读出刻度盘上的刻度并将此角度作为旋光仪的零点。

（3）零点确定后，将样品管中蒸馏水换为待测溶液，按同样方法测定，此时刻度盘上的读数与零点时读数之差即为该样品的旋光度。

五、使用注意事项

（1）旋光仪在使用时，需通电预热几分钟，但钠光灯使用时间不宜过长。

（2）旋光管光路中不能存有气泡。

（3）旋光仪是比较精密的光学仪器，使用时仪器金属部分切忌沾污酸碱，防止腐蚀。

（4）光学镜片部分不能与硬物接触，以免损坏镜片。不能随便拆卸仪器，以免影响精度。

（5）实验结束时，应将旋光管洗净，防止酸对旋光管腐蚀。

第八节 阿贝折射仪

一、原理

光在不同介质中的传播速度是不同的。单色光从一种介质进入另一处介质时会改变方向即产生折射现象，如图 3-13 所示。折射角度与介质密度、分子结构、温度以及光的波长有关。

根据折射定律，波长一定的单色光线，在一定温度下，入射角 β 的正弦和折射角 α 的正弦之比等于它在两种介质中传播速度之比，即

$$\frac{\sin\beta}{\sin\alpha}=\frac{v_B}{v_A}=n_{BA}$$

式中 n_{BA}——折射率，对一定的温度和介质折射率为常数。

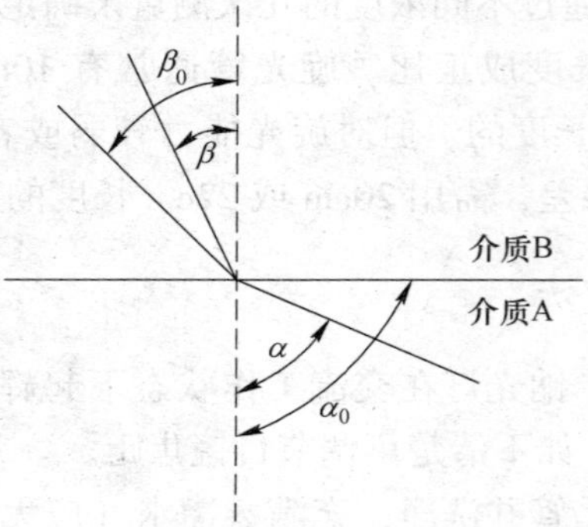

图 3-13 光的折射

当 $n_{BA}>1$ 时，从公式可知，β 必须大于 α。这时光线由第一种介质 B 进入第二种介质 A 时折射线如图 3-13 所示。

在一定温度下，折射率 n_{BA} 对于给定的两种介质而言为一常数，故当入射角 β 增大时，折射角 α 也相应增大；当 β 达到极大值 $\beta_0=\pi/2$ 时，所得到的折射角 α_0 称为临界折射角。显然，从图中法线右边入射的光线折射入第二种介质 A 时，折射线都应落在临界折射角 α_0 之内。当固定一种介质时，临界折射角 α_0 的大小和折射率（表征第二种介质的性质）有简单的函数关系，阿贝折射仪正是根据这个原理而设计的。

折射率是有机化合物重要的物理常数之一，它能精确而方便地测定出来，作为物质纯度的标准，它比沸点更为可靠，可以根据所测得的折射率识别未知物。折射率也用于确定液体混合物的组成。当组成的结构相似和极性小时，混合物的折射率和物质的组成之间呈线性关系。

用折射率测定样品的浓度所需试样量少，且操作简单方便，读数准确。

二、使用方法与仪器校正

（一）使用方法

1. 仪器的安装

将折射仪放在光亮处，但避免直接日光曝晒，以免液体样品迅速蒸发。用超

级恒温槽将恒温水通入棱镜夹套内，其温度以折射仪器上温度计读数为准，一般选用（20.0 ± 0.1）℃或（25.0 ± 0.1）℃。

2. 加样

松开锁钮，开启辅助棱镜，使其磨砂斜面处于水平位置。滴几滴丙酮于镜面上，可用镜头纸轻轻拭干，但切勿用滤纸。待镜面干燥后，滴加几滴样品于镜面上，滴管切勿触及镜面，合上辅助棱镜，旋紧锁钮，若样品易挥发，可从加液小槽直接加入。

3. 对光

转动镜筒使之垂直，调节反光镜使入射光进入棱镜，同时调节目镜焦距，使目镜中十字线清晰明亮。

4. 读数

调节读数螺旋，使目镜中呈现半透明半暗状态。调节消色散棱镜至目镜中彩色光带消失，呈现一个清晰的明暗临界线，再调节读数螺旋，使明暗界面恰好落在十字线的交叉处。若此时呈现微色散，继续调节色散棱镜，直到色散现象消失为止，使临界线明暗清晰。这时可从读数望远镜中的标尺上读出折射率，为减少误差，每个样品需重复测定三次，三次读数误差应不超过0.002，再取平均值。

如果测定的是透明固体，被测物体上须有一个平整的抛光面。把进光棱镜打开，在折射棱镜的抛光面加1～2滴比被测物体折射率高的透明液体（如溴代萘），并将被测物体的抛光面擦干净放上去，使其接触良好，此时便可在目镜视场中寻找分界线，瞄准和读数的操作方法如前所述。如果测定半透明固体。用上述方法将被测半透明固体的抛光面黏在折射棱镜上，打开反射镜并调整角度利用反射光束测量，具体操作方法同上。

（二）仪器校正

仪器定期需要进行校准，或对测量数据有怀疑时，也可以对仪器进行校准。校准用蒸馏水或玻璃标准块。如测量数据与标准有误差，可用钟表螺丝刀通过色散校正手轮中的小孔，小心旋转里面的螺钉，使分划板上交叉线上下移动，然后再进行测量，直到测数符合要求为止。样品为标准块时，测数要符合标准块上所标定的数据。

三、仪器的维护与保养

（1）仪器应放在干燥、空气流通和温度适宜的地方，以免仪器的光学零件受潮发霉。

（2）仪器使用前后及更换样品时，必须先清洗擦干净折射棱镜系统的工作表面。

（3）被测试样品不准有固体杂质，测试固体样品时应防止折射棱镜的工作表面拉毛或产生压痕，本仪器严禁测试腐蚀性较强的样品。

（4）仪器应避免强烈振动或撞击，防止光学零件震碎、松动而影响精度。

（5）如聚光照明系统中灯泡损坏，可将聚光镜筒沿轴取下，换上新灯泡，并调节灯泡左右位置（松开旁边的紧定螺钉）使光线聚光在折射棱镜的进光表面上，并不产生明显偏斜。

（6）仪器聚光镜是塑料制成的，为了防止带有腐蚀性的样品对它的表面破坏，使用时用透明塑料罩将聚光镜罩住。

（7）仪器不用时应用塑料罩将仪器盖好或将仪器放入箱内。

（8）使用者不得随意拆装仪器，如仪器发生故障，或达不到精度要求时，应及时送修。

第九节　红外吸收光谱仪

一、结构和工作原理

红外吸收光谱仪由红外辐射光源、吸收池、单色器、检测器、放大器与数据记录系统五个部分组成。色散型红外光谱仪一般均采用双光束。将光源发射的红外光分成两束，一束通过试样，另一束通过参比，利用半圆扇形镜使试样光束和参比光束交替通过单色器，然后被检测器检测。当试样光束与参比光束强度相等时，检测器不产生交流信号；当试样有吸收，两光束强度不等时，检测器产生与光强差成正比的交流信号，从而获得吸收光谱。图 3-14 为双光束红外光谱仪结构原理图。

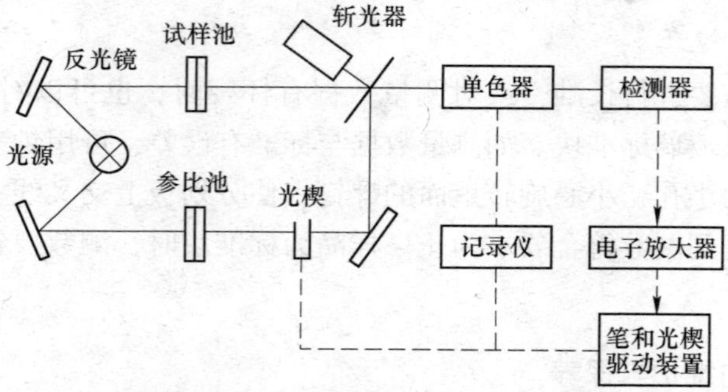

图 3-14　双光束红外光谱仪结构原理图

（一）红外辐射光源

红外辐射光源是能发射高强度连续红外光的炽热物体，常用的光源如表 3-1 所示。

表 3-1 常用的红外辐射光源

名 称	适用波数范围 σ/cm^{-1}	说 明
能斯特灯	5000~400	ZrO_2、ThO_2 等烧结制成
硅碳棒	5000~200	需用水冷或风冷
炽热镍铬丝圈	5000~200	需用风冷
碘钨灯	10000~200	用于近红外光区
高压汞灯	<200	用于远红外光区

红外吸收光谱仪的最常用光源为能斯特灯和硅碳棒。

能斯特灯由氧化锆、氧化钍和氧化钇等烧结制成，为直径 1~3mm、长 20~50mm 的中空或实心棒，两端绕有 Pt 丝作为导线，在室温下它是非导体，但加热至 800℃就成为导体并有负的电阻特性。工作之前要由一个辅助加热器进行预热，待发光后立即切断预热器电源，否则会烧坏辅助加热器。此光源在 1750℃左右工作，耗电量为 50~200W。优点是发光强度高，使用寿命约 1 年，缺点是机械强度差易因受压或扭动而损坏。

硅碳棒为两端粗中间细的实心棒，中间为发光部分，两端粗是为降低两端的电阻，使其在工作状态时两端呈冷态。此棒直径约为 5mm，长度约为 50mm，它在室温下是导体，具有正的电阻温度系数，工作前不必预热，工作温度为 1200~1400℃，耗电量为 200~400W。优点是坚固耐用寿命长，发光面积大；缺点是工作时电极接触部分需用水冷却。

（二）吸收池

吸收池又称样品池或样品室。它是一个可插入固体盐片、薄膜或液体样品池的样品槽。

对不同的分析样品（气体、液体和固体）应选用相应的吸收池。吸收池的池窗材料，必须能很好地透过光源辐射的红外光，表 3-2 列出几种常用的池窗材料。

表 3-2 常用的吸收池池窗材料

材 料	透光波长范围 λ/μm①	注意事项
氯化钠	0.2~25	易潮解，应在低于 40%的湿度下使用
溴化钾	0.25~40	易潮解，应在低于 35%的湿度下使用

续表 3-2

材　料	透光波长范围 λ/μm①	注 意 事 项
氟化钙	0. 13~12	不溶于水，可测水溶液红外吸收光谱
氯化银	0. 2~25	不溶于水，可测水溶液红外吸收光谱
KRS-5（TlBr42%，TlI58%）	0. 5~40	微溶于水，可测水溶液红外吸收光谱

①此数值表示盐窗厚度为 2mm，透射率大于 10%的范围。

(三) 单色器

单色器位于吸收池和检测器之间，其作用是把通过吸收池进入入射狭缝的复合光分解成单色光再照射到检测器上。

单色器由可变的入射和出射狭缝、用于聚焦和反射光束的准直反射镜和色散元件按一定的组合构成。在红外吸收光谱仪中，为准直光路，一般不使用透镜，以避免产生色差。色散元件可为三棱镜和衍射光栅。

单色器的入射和出射狭缝越窄，分辨率就越高，但会使光源能量输出减少。为了降低光源能量的损失，可使用程序增减狭缝宽度的方法，即随着辐射能量减少，使狭缝宽度自动变宽，保持辐射到检测器的能量保持恒定，以改善检测器的响应值。

(四) 检测器

检测器的作用是把照射到它上面的红外光转变成电信号，由于射向检测器的红外光很弱，因此作为检测器应具备以下条件：

(1) 具有灵敏的红外光接受面积；

(2) 热容量低、热灵敏度高；

(3) 响应快；

(4) 因热波动产生的噪声小；

(5) 对红外光的吸收没有选择性。

常用的红外吸收检测器为真空热电偶、高莱盒、热电量热计和汞镉碲检测器。

(五) 放大器与数据记录系统

由检测器产生的电信号十分微弱，如由真空热电偶产生的电信号强度仅为 10^{-9}V。此信号必须经电子放大器放大后，才可驱动记录笔发动机绘出相应的红外吸收光谱图。

新型的红外吸收光谱仪都配有微处理机，不仅可绘出红外吸收谱图，还可控制仪器的操作参数，进行差谱操作和谱图检索等多种运行功能。

二、样品制备方法

(一) 制样要求

要获得一张高质量红外光谱图，除了仪器本身的因素外，还必须有合适的样品制备方法。红外光谱法对试样的要求如下：

(1) 试样应该是单一组分的纯物质，纯度应大于98%或符合商业规格，才便于与纯物质的标准光谱进行对照。多组分试样应在测定前尽量预先用分馏、萃取、重结晶或色谱法进行分离提纯，否则各组分光谱相互重叠，难于判断。

(2) 试样中不应含有游离水。水本身有红外吸收，会严重干扰样品谱，而且会侵蚀吸收池的盐窗。

(3) 试样的浓度和测试厚度应选择适当，且均匀，以使光谱图中的大多数吸收峰的透射比处于10%~80%范围内。

(二) 制样方法

1. 固体样品制样方法

(1) 压片法。压片法是把固体样品的细粉，均匀地分散在碱金属卤化物中并压成透明薄片的一种方法。

(2) 粉末法。粉末法是把固体样品研磨成2μm以下的粉末，悬浮于易挥发溶剂中，然后将此悬浮液滴于KBr片基上铺平，待溶剂挥发后形成均匀的粉末薄层的一种方法。

(3) 薄膜法。薄膜法是把固体试样溶解在适当的溶剂中，把溶液倒在玻璃片上或KBr窗片上，待溶剂挥发后生成均匀薄膜的一种方法。

(4) 糊剂法。糊剂法是把固体粉末分散或悬浮于石蜡油等糊剂中，然后将糊状物夹于两片KBr等窗片间测绘其光谱。

在红外光谱分析的具体操作中，对于固体样品，常用的制样方法有以上四种。其中最常用的是压片法，但此法常因样品浓度不合适或因片子不透明等问题需要一再返工。现在采用溴化钾压片作片基，在得到同等效果图谱的情况下，降低了重新压片的次数，减少了清洗液体池和窗片的时间，避免了窗片破裂和损耗的可能性，而且此方法成本很低。

2. 液体样品制样方法

液体样品制样方法有三种，其中最常用的是液膜法，此法所使用的窗片是由整块透明的溴化钾（或氯化钠）晶体制成，制作困难，价格昂贵，稍微使用不当就容易破裂，而且由于长期使用也会被试样中微量水分将其慢慢侵蚀，到一定时候这对窗片也就报废了。

(1) 薄膜法。用刮刀取适量的试样均匀涂于窗片上，然后将另一块窗片盖上，稍加压力，来回推移，使之形成一层均匀无气泡的液膜。

（2）液膜法。液膜法是在可拆液体池两片窗片之间，滴上 1~2 滴液体试样，使之形成一薄的液膜，适用于沸点较高的试样。

（3）液体池法。液体池法是将液体样品注入封闭抽真空的液体池中，液层厚度一般为 0.01~1mm，适用于沸点较低、挥发性较大的试样。

对于一些吸收很强的液体，当用调整厚度的方法仍然得不到满意的谱图时，可用适当的溶剂配成稀溶液进行测定。一些固体也可以溶液的形式进行测定。常用的红外光谱溶剂应在所测光谱区内本身没有强烈的吸收，不侵蚀盐窗，对试样没有强烈的溶剂化效应等。

3. 气体样品制样方法

气态样品可在玻璃气槽内进行测定，它的两端粘有红外透光的 NaCl 或 KBr 窗片。先将气槽抽真空，再将试样注入。

（三）制样过程

1. 压片法

将 1~2mg 固体试样于玛瑙研钵中，充分研磨，再加入大约 200mg 纯 KBr 粉末研细均匀，置于模具中，用 110Pa 压力在油压机上压成透明薄片，即可用于测定。试样和 KBr 都应经干燥处理，研磨到粒度小于 2μm，以免散射光影响。

2. 夹片法

称取大约 300mg 已烘干的溴化钾放置于玛瑙研钵中，仔细研磨后分为两等份，分别装入压模中，在压片机下抽真空 2min，于 110Pa 压力下加压 5min 便压成一个透明的溴化钾空白片。用带尖的细玻璃棒蘸取一小滴液体样品滴于一片溴化钾空白片上，其上再覆盖一片溴化钾空白片。

3. 石蜡糊法

将干燥处理后的试样研细，与液体石蜡或全氟代烃混合，调成糊状，夹在盐片中测定。

4. 薄膜法

薄膜法主要用于高分子化合物的测定。可将它们直接加热熔融后涂制或压制成膜，也可将试样溶解在低沸点的易挥发溶剂中，涂在盐片上，待溶剂挥发后成膜测定。

当样品量特别少或样品面积特别小时，采用光束聚光器，并配有微量液体池、微量固体池和微量气体池，采用全反射系统或用带有卤化碱透镜的反射系统进行测量。

（四）注意事项

（1）对每一种样品，在制好样之后应立即进行测定以防样品或溶剂挥发。

（2）压好的溴化钾片，应放在干燥器中，以防吸潮。

（3）可能会由于液体吸收池的塞子不严，溶剂迅速挥发，在未完成扫描之前池中的溶液就挥发殆尽，得不到完整的谱图。

三、红外光谱仪的使用方法

（1）开机前准备。开机前检查实验室电源、温度和湿度等环境条件，当电压稳定，室温为（21 ± 5）℃，湿度不大于65%才能开机。

（2）开机。开机时，首先打开仪器电源，稳定半小时，使得仪器能量达到最佳状态。开启电脑，并打开仪器操作平台 OMNIC 软件，运行 Diagnostic 菜单，检查仪器稳定性。

（3）制样。根据样品特性以及状态，制定相应的制样方法并制样。

（4）扫描和输出红外光谱图。测试红外光谱图时，先扫描空光路背景信号（Collect→Background），再扫描样品文件信号（Collect→Sample），经傅里叶变换得到样品红外光谱图。

（5）关机。

四、注意事项

（1）测定时实验室的温度应在 15~30℃，所用的电源应配备有稳压装置。

（2）为防止仪器受潮而影响使用寿命，红外实验室应保持干燥（相对湿度应在 65%以下）。

（3）样品的研磨要在红外灯下进行，防止样品吸水。

（4）压片用的模具用后应立即把各部分擦干净，必要时用水清洗干净并擦干，置于干燥器中保存，以免锈蚀。

第十节 X 射线衍射仪

一、结构和工作原理

衍射仪是进行 X 射线分析的重要设备，主要由 X 射线发生器、测角仪、记录仪和水冷却系统组成。新型的衍射仪还带有条件输入和数据处理系统。图 3-15 给出了 X 射线衍射仪框图。X 射线衍射是利用 X 射线在晶体中的衍射现象来获得衍射后 X 射线信号特征，经过处理得到衍射图谱。即将具有一定波长的 X 射线照射到结晶性物质上时，X 射线因在结晶内遇到规则排列的原子或离子而发生散射，散射的X射线在某些方向上相位得到加强，从而显示与结晶结构相对应的特有的衍射现象。衍射X射线满足布拉格方程：

$$2d\sin\theta = n\lambda$$

式中 λ——X射线的波长，nm；

θ——入射角，2θ是衍射角；

d——结晶面间距，nm；

n——衍射级数，任何正整数。

波长λ可用已知的X射线衍射角测定，进而求得面间隔，即结晶内原子或离子的规则排列状态。将求出的衍射X射线强度和面间隔与已知的表对照，即可确定试样结晶的物质结构，此即定性分析。从衍射X射线强度的比较，可进行定量分析。

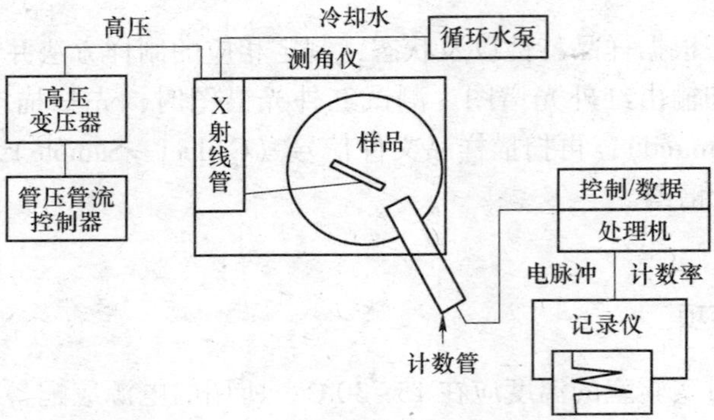

图 3-15　X射线衍射仪框图

（一）X射线发生器

X射线发生器示意简图如图3-16所示，主要由高压控制系统和X光管组成，它是产生X射线的装置，由X光管发射出的X射线包括连续X射线光谱和特征X射线光谱。X射线发生器是由玻璃外罩将发射X射线的阴极与阳极密封在高真空（10^{-5}~10^{-7}mmHg）之中的管状装置。

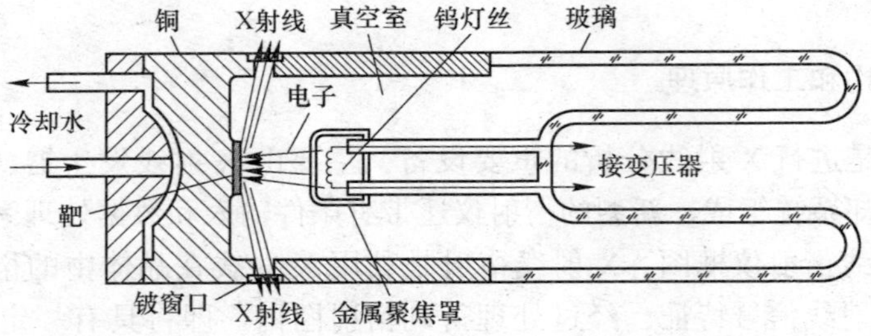

图 3-16　X射线发生器示意图

（1）阴极。阴极由绕成螺线形的钨丝组成，用高压电缆接负高压，并加到灯丝电流，灯丝电流发射热电子。管壳做成 U 形，目的是加长阴极与阳极间放电的距离。

（2）阳极。阳极又称靶，是使电子突然减速和发射 X 射线的地方，靶材为特定的金属材料（例如铜靶、钼靶等）。靶安装在靶基上（多为铜质），靶基底部通冷却水管，在工作过程中不断喷水冷却，与衍射仪的管座相接并一起接地。不同的靶材所产生的特征 X 射线波长不同。使用波长较长的靶材的 XRD 所得的衍射图峰位沿 2θ 轴有规律拉伸；使用短波长靶材的 XRD 谱沿 2θ 轴有规律地被压缩。但不管使用何种靶材的 X 射线管，所得到的衍射谱中获得样品面间距 d 值是一致的，与靶材无关。

操作时由高压电缆接预高压，并加以灯丝电流，管壳应经常保持干燥清洁。

（二）测角仪

测角仪是衍射仪的重要部分，其构造示意图如图 3-17 所示。X 射线源焦点与计数管窗口分别位于测角仪圆周上，样品位于测角仪圆的正中心。在入射光路上有固定式梭拉狭缝和可调式发射狭缝，在反射光路上也有固定式梭拉狭缝和可调式防散射狭缝与接收狭缝。有的衍射仪还在计数管前装有单色器。当给 X 光管加以高压，产生的 X 射线经由发射狭缝射到样品上时，晶体中与样品表面平行的面网，在符合布拉格条件时即可产生衍射而被计数管接收。当计数管在测角仪圆所在平面内扫射时，样品与计数管以 1：2 速度连动。因此，在某些角位置能满足布拉格条件的面网所产生的衍射线将被计数管依次记录并转换成电脉冲信号，经放大处理后通过记录仪描绘成衍射图。

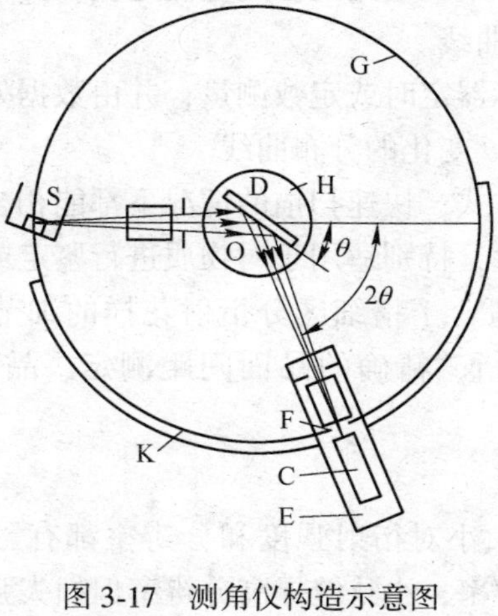

图 3-17 测角仪构造示意图

G—测角仪圆；S—光源；D—试样；H—试样台；F—接收狭缝；C—计数管；
E—支架；K—刻度尺

二、衍射实验方法

X 射线衍射实验方法包括样品制备、实验参数选择和样品测试。

（一）样品制备

在衍射仪法中，样品制作是衍射仪实验技术中的重要一环，通常制成平板状样品。衍射仪均附有表面平整光滑的玻璃或铝质的样品板，板上开有窗孔或不穿透的凹槽，样品放入其中进行测定。

1. 粉晶样品的制备

（1）将被测试样在玛瑙研钵中研成 5μm 左右的细粉；

（2）将适量研磨好的细粉填入凹槽，并用平整光滑的玻璃板将其压紧；

（3）将槽外或高出样品板面多余粉末刮去，重新将样品压平，使样品表面与样品板面一样平齐光滑。

2. 特殊样品的制备

对于金属、陶瓷、玻璃等一些不易研成粉末的样品，可先将其锯成窗孔大小，磨平一面，再用橡皮泥或石蜡将其固定在窗孔内。对于片状、纤维状或薄膜样品也可取窗孔大小直接嵌固在窗孔内。但固定在窗孔内的样品其平整表面必须与样品板平齐，并对着入射 X 射线。

（二）测量方式和实验参数选择

1. 测量方式

衍射测量方式有连续扫描法和步进扫描法。

连续扫描法是由脉冲平均电路混合成电流起伏，而后用长图记录仪描绘成相对强度随 2θ 变化的分布曲线。

步进扫描法是由定标器定时或定数测量，并由数据处理系统显示或打印，或由绘图仪描绘成强度随 2θ 变化的分布曲线。

不论是哪一种测量方式，快速扫描的情况下都能相当迅速地给出全部衍射花样，它适合于物质的预检，特别适用于对物质进行鉴定或定性估计。对衍射花样局部做非常慢的扫描，适合于精细区分衍射花样的细节和进行定量的测量。例如，混合物相的定量分析、精确的晶面间距测定、晶粒尺寸和点阵畸变的研究等。

2. 实验参数选择

（1）狭缝。狭缝的大小对衍射强度和分辨率都有影响。大狭缝可得到较大的衍射强度，但降低分辨率，小狭缝提高分辨率但损失强度，一般如需要提高强度时宜选取大一些的狭缝，需要高分辨率时宜选小些狭缝，尤其是接收狭缝对分辨率影响更大。每台衍射仪都配有各种狭缝以供选用。

（2）时间常数和预置时间。连续扫描测量中采用时间常数，时间常数是指计数率仪中脉冲平均电路对脉冲响应的快慢程度。时间常数大，脉冲响应慢，对脉冲电流具有较大的平整作用，不易辨出电流随时间变化的细节，因而，强度线形相对光滑，峰形变宽，高度下降，峰形移向扫描方向；时间常数过大，还会引起线形不对称，使一条线形的后半部分拉宽。反之，时间常数小，能如实绘出计数脉冲到达速率的统计变化，易于分辨出电流时间变化的细节，使弱峰易于分辨，衍射线形和衍射强度更加真实。计数率仪均配有多种可供选择的时间常数。

步进扫描中采用预置时间来表示定标器一步之内的计数时间，起着与时间常数类似的作用，也有多种可供选择的方式。

3. 扫描速度和步宽

连续扫描中采用的扫描速度是指计数器转动的角速度。慢速扫描可使计数器在某衍射角度范围内停留的时间更长，接收的脉冲数目更多，使衍射数据更加可靠。但需要花费较长的时间，对于精细的测量应采用慢扫描，物相的预检或常规定性分析可采用快扫描，在实际应用中可根据测量需要选用不同的扫描速度。

步进扫描中用步宽来表示计数管每步扫描的角度，有多种方式表示扫描速度。

4. 走纸速度和角放大

连续扫描中的走纸速度起着与扫描速度相反的作用，快走纸速度可使衍射峰分得更开，提高测量准确度。一般精细的分析工作可用较快速的走纸，常规的分析可使走纸速度适当放慢些。步进扫描中用角放大来代替纸速，大的角放大倍数可使衍射峰拉得更开。

（三）样品测试

（1）开机。

1）打开总电源和衍射仪稳压电源；

2）启动冷却水循环机；

3）启动计算机；

4）启动主机测角仪部分；

5）启动高压部分。

（2）实验。

（3）关机。

1）扫描结束后，首先将电流降至 5mA，电压降至 20kV；

2）按下预热电流按钮至指示灯亮后松开；

3）等待 10min 后，按 off 按钮，指示灯亮；

4）关闭主机电源；

5）关闭电脑；

6）继续等待 30min 后（X 光管完全冷却），关闭冷却水循环机（面板上 run，机箱侧面总电源）；

7）切断稳压电源、配电箱总电源。

三、注意事项

（一）制样中应注意的问题

1. 样品粉末的粗细

样品的粗细对衍射峰的强度有很大的影响。要使样品晶粒的平均粒径在 5μm 左右，以保证有足够的晶粒参与衍射。并避免晶粒粗大、晶体的结晶完整，亚结构大，或镶嵌块相互平行，使其反射能力降低，造成衰减作用，从而影响衍射强度。

2. 样品的择优取向

具有片状或柱状完全解理的样品物质，其粉末一般都呈细片状或细棒状，在制作样品过程中易于形成择优取向，形成定向排列，从而引起各衍射峰之间的相对强度发生明显变化，有的甚至是成倍地变化。对于此类物质，要想完全避免样品中粉末的择优取向，往往是难以做到的。不过，对粉末进行长时间（例如达半小时）的研磨，使之尽量细碎，制样时尽量轻压，必要时还可在样品粉末中掺和等体积的细粒硅胶，这些措施都能有助于减少择优取向。

（二）实验参数的选择

根据研究工作的需要选用不同的测量方式和选择不同的实验参数，记录的衍射图谱不同，因此在衍射图谱上必须标明主要的实验参数条件。

第四章　基础实验

实验一　恒温槽的装配与性能测试

一、实验目的

（1）了解恒温槽的构造和恒温原理，初步掌握恒温槽的装配、调节和使用。

（2）绘制恒温槽的灵敏度曲线（温度-时间曲线），学会分析恒温槽的性能。

（3）掌握贝克曼温度计的调节和使用方法。

二、实验原理

温度对化学平衡常数和化学反应速度常数以及黏度、密度、折光率等物理化学参量都有显著的影响。因此，许多物理化学实验都需要在恒定的温度下进行。恒温槽就是用来控制恒定温度的一种装置，恒温槽的安装、调试和使用都是物理化学实验必须掌握的实验技术之一。一般使用的恒温槽温度波动范围在±0. 1℃左右。要使恒温设备维持在高于室温的某一温度，就必须补充一定的能量，使由于散热等原因所引起的热损失得到补偿。恒温槽之所以能恒温，主要是依靠恒温器来控制恒温槽的热平衡。当恒温槽因对外散热而使水温降低时，恒温控制器就驱动恒温槽内的加热器工作，待加热到所需的温度时，它又使其停止加热，这样就使恒温槽的温度保持恒定。恒温槽装置是多种多样的，但大都包括敏感元件、控制元件、加热元件三部分。由敏感元件将温度转换为电信号（或其他信号）输送给控制元件，再由控制元件发出指令，让加热元件工作或停止。

恒温槽的组成如下。

（1）槽体：用于盛装恒温介质，可根据恒温要求选用不同质料的槽体，其容量和形状，也视需要和有利于控温而定。本实验设定温度只略高于室温，因此选用 20L 左右的圆柱形敞口玻璃缸作槽体。

（2）介质：在-60～30℃时，一般采用乙醇或乙醇水溶液；0～90℃时用水；80～160℃时，可用甘油或甘油的水溶液；70～200℃时用液体石蜡或硅油。

（3）搅拌器：搅拌器的作用是搅动恒温介质，以保证恒温槽的温度均匀。搅拌器应装在加热器的上部或与加热器靠近，使加热后的液体及时混合均匀再流至恒温区。可根据槽体的大小和形状，介质的黏度以及传质、传热情况等实际需要调节搅拌速度。

（4）温度计：一般用分度为 1/10℃ 的水银温度计来测量恒温槽的温度。为了评价恒温槽的控温品质，做出控温曲线，还要用到贝克曼温度计。

（5）加热器：如果要求恒温的温度高于室温，则用加热器；低于室温时，则用冷冻剂或制冷器。在这个实验中，设定温度高于室温，因此只需要采用加热器，一般采用电加热器，并要求它的热容量小，导热性能好，功率适中（其功率最好能使加热和停止加热的时间各占一半）。为了提高恒温槽的控温品质，有时还采用 2~3 个相同或不同功率的电热器。升温使用大功率，保持恒温使用小功率。加热器最好安装在槽底附近。

（6）电子继电器：电子继电器是控制加热器“通”或“断”的装置，由继电器和控温电路组成。从感温元件发来的信号，经过控制电路放大后，推动继电器去开、关电热器。

（7）感温元件：感温元件的作用是当恒温槽的温度达到设定值时，发出信号，命令执行机构停止加热。低于设定温度时，则又发出信号，命令执行机构继续加热。感温元件有多种，如接触温度计、热敏电阻感温元件等。

图 4-1 即是一恒温槽装置，它由浴槽、加热器、搅拌器、温度计、感温元件、恒温控制器、贝克曼温度计等组成。

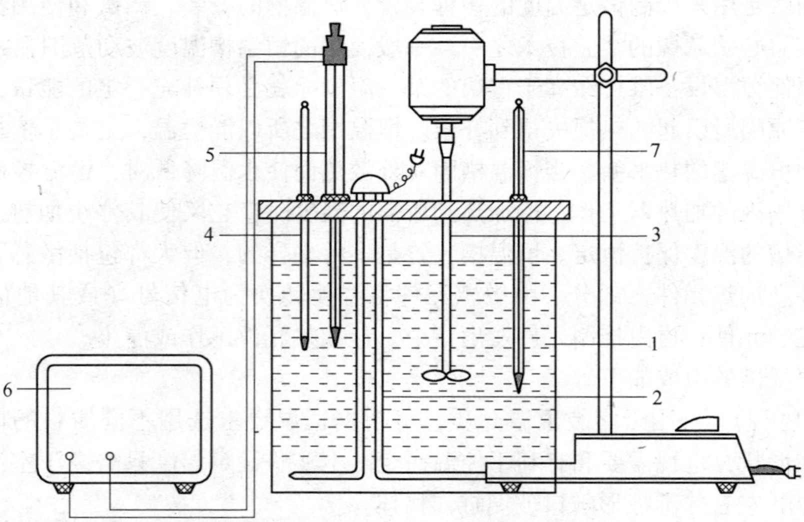

图 4-1　恒温槽装置图

1—浴槽；2—加热器；3—搅拌器；4—温度计；5—感温元件；6—恒温控制器；7—贝克曼温度计

恒温槽控制的温度是有一个波动范围的，并不是控制在某一个固定不变的温度，而且恒温槽内部各处的温度也会因搅拌效果的优劣而不同。控制的温度波动范围越小，各处的温度越均匀，恒温槽的灵敏度越高。灵敏度是衡量恒温槽好坏的主要标志，它除了与感温元件、电子继电器有关，还与搅拌器的效率、加热器的功率等因素有关。

恒温槽灵敏度的测定是在指定温度下，观察温度的波动情况。用较灵敏的温度计，如贝克曼温度计，记录温度随时间的变化，最高温度为 t_1，最低温度为 t_2，恒温槽的灵敏度（t_E）为：

$$t_E = \pm(t_1 - t_2)/2 \tag{4-1}$$

灵敏度常常以温度为纵坐标，以时间为横坐标，绘制温度-时间曲线来表示，在图 4-2 中，图 4-2a 表示恒温槽的灵敏度较高，图 4-2b 表示灵敏度较低，图 4-2c 表示加热器的功率太大，图 4-2d 表示加热器的功率太小或者散热太快。

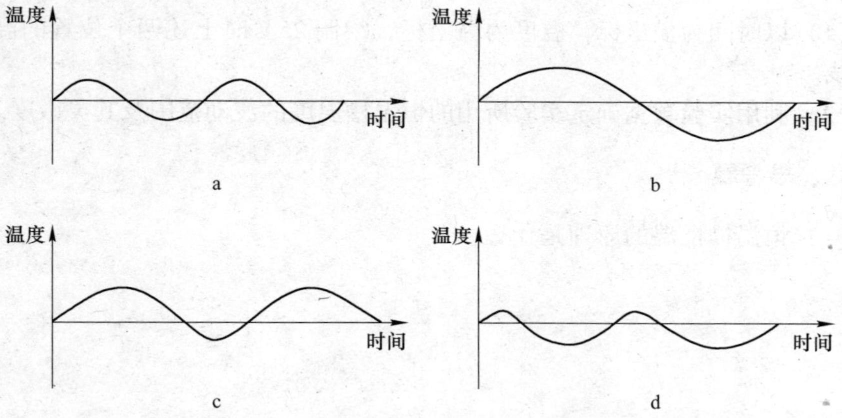

图 4-2 恒温槽灵敏度曲线

三、仪器与试剂

恒温水浴，贝克曼温度计，停表，1/10℃水银温度计。

四、实验步骤

（1）按图 4-1 安装仪器，经教师检查后，接通电源，暂停搅拌。

（2）将贝克曼温度计的水银柱调到 2.5℃左右（将贝克曼温度计插入水浴中，读数在 2℃以下为宜，因测温升要能读出）并安放在恒温槽中。

（3）将温度控制器的温度调到 25℃。

（4）开启电动搅拌器，选择合适的转速。

（5）待恒温槽温度调节到 25℃恒温后，观察贝克曼温度计的读数，每两分钟记录一次读数，测定约60min，温度变化范围要求在±0.15℃之内。

改变贝克曼温度计的位置，按前述方法再测定一组恒温槽灵敏度。实验数据记录在表4-1中。

五、数据记录及处理

（一）数据记录

表4-1 贝克曼温度计读数记录表

时间/min	2	4	6	8	10	…
贝克曼温度计读数/℃						
改变位置后贝克曼温度计读数/℃						

（二）数据处理

（1）以时间为横坐标，温度为纵坐标，绘制25℃时上述两个位置的温度-时间曲线。

（2）利用实验数据确定实验所用的恒温槽温度的波动范围及其灵敏度。

六、思考题

（1）恒温槽恒温的原理是什么？

（2）为提高恒温槽测量精度，可采取什么措施？

实验二 燃烧热的测定

一、实验目的

（1）掌握氧弹量热计的构造、原理和使用方法。
（2）掌握有关热化学实验的一般知识和测量技术。
（3）采用氧弹量热计测定萘的燃烧热。

二、实验原理

燃烧热是指1mol物质完全燃烧时的热效应。其中完全燃烧是指C变成CO_2(g)，H变成H_2O(l)，S变成SO_2(g)，N变成N_2(g)等。

为了使被测物质迅速而完全地燃烧，就需要强有力的氧化剂。在实验中经常使用压力为2~3MPa的氧气为氧化剂。用氧弹量热计（图4-3）进行实验时，待测物质放入氧弹中，氧弹放置在装有一定量水的铜水桶中，水桶外是空气隔热层，再外面是温度恒定的水夹套。样品在体积固定的氧弹中燃烧放出的热、引火丝燃烧放出的热和由氧气中微量的氮气氧化成硝酸的生成热，大部分被水桶中的水吸收；另一部分则被氧弹、水桶、搅拌器及温度计等所吸收。在量热计与环境没有热交换的情况下，可写出如下的热量平衡式：

$$Q_v a + qb + 5.98c + Wh\Delta t + C_{总}\Delta t = 0 \tag{4-2}$$

式中 Q_v——被测物质的恒容燃烧热，J/g；
a——被测物质质量，g；
q——引火丝的燃烧热，J/g（铁丝为-6694J/g，镍丝为-3245J/g）；
b——燃烧了的引火丝的质量，g；
5.98——硝酸生成热为-59831J/mol，当用0.100mol/L NaOH滴定生成的硝酸时，每毫升碱相当于-5.98J；
c——滴定生成的硝酸时，耗用0.100mol/L NaOH的体积，mL；
W——水桶中水的质量，g；
h——水的比热容，J/(g·K)；
$C_{总}$——氧弹、水桶等的总热容，J/K；
Δt——与环境无热交换时的真实温差，K。

如在实验时保持水桶中水量一定，可把式（4-2）合并为下式：

$$Q_v a + qb + 5.98c + K\Delta t = 0 \tag{4-3}$$

式中 K——量热计常数，J/K，$K=Wh+C_{总}$。

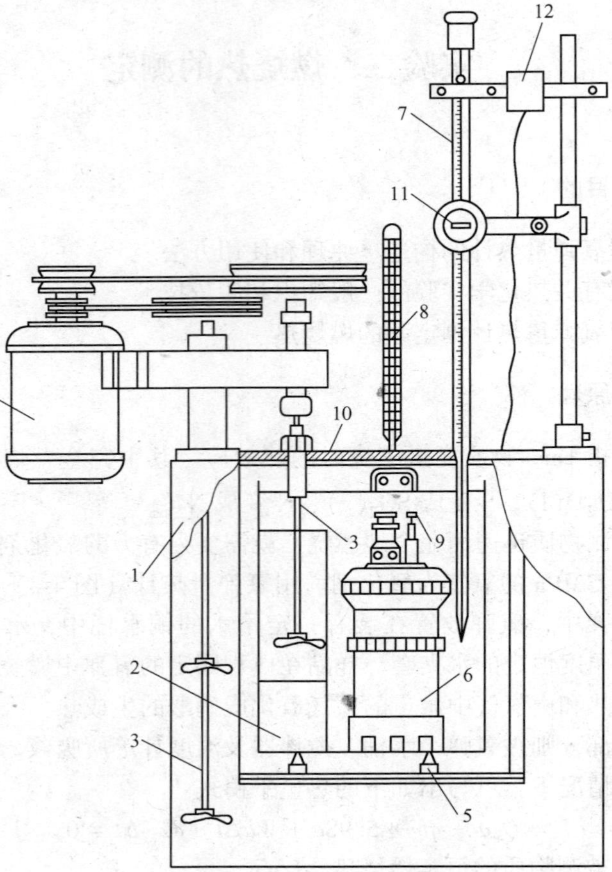

图 4-3　氧弹量热计

1—外壳；2—量热容器；3—搅拌器；4—搅拌马达；5—绝热支柱；6—氧弹；7—贝克曼温度计；
8—工业用玻套温度计；9—电极；10—盖子；11—放大镜；12—电动振动装置

从式（4-3）可知，要测得样品的 Q_v，必须知道量热计常数 K。测定的方法是以一定量的已知燃烧热的标准物质（常用苯甲酸，$Q_v=-3326.9$kJ/mol）在相同条件下进行实验，测得 Δt 经校正后，可按式（4-3）求出 K 值。

实际上，氧弹量热计不是严格的绝热系统，加之由于传热速度的限制，燃烧后由最低温度达到最高温度需一定的时间，在这段时间里系统与环境难免发生热交换，因而从温度计上读得的温差就不是真实温差 Δt。为此必须对读得的温差进行校正，下面是常用的经验公式：

$$\Delta t_{校正} = \frac{V + V_1}{2} \times m + V_1 \times r \tag{4-4}$$

式中　V——点火前，每半分钟量热计的平均温度变化，K；

V_1——样品燃烧使量热计温度达最高而开始下降后每半分钟的平均温度变化，K；

m——点火后，温度上升很快（大约每半分钟 0.3℃）的半分钟间隔数；

r——点火后，温度上升较慢的半分钟间隔数。

在考虑了温差校正后，真实温差 Δt 应该是：

$$\Delta t = t_{高} + t_{低} + \Delta t_{校正} \tag{4-5}$$

式中 $t_{低}$——点火前读得量热计的最低温度，K；

$t_{高}$——点火后量热计达到最高温度后开始下降的第一个读数，K。

三、仪器与试剂

氧弹量热计，分析天平，储氧钢瓶。

分析纯苯甲酸，分析纯萘，引火丝，0.100mol/L 氢氧化钠标准溶液，酚酞指示剂。

四、实验步骤

（一）量热计常数 K 的测定

（1）用布擦净压片模，在台秤上称约 1g 的苯甲酸，进行压片。样品若被沾污，可用小刀刮净，用微型手钻在药片中心钻一小孔，然后在干净的玻璃板上敲击 2~3 次，再在分析天平上准确称量。

（2）用手拧开氧弹盖，将盖放在专用架上，装好专用的石英杯或不锈钢杯。用移液管移取 5mL 蒸馏水放入弹筒中。

（3）剪取约 10cm 引火丝在分析天平上准确称量后，将引火丝穿过药片，然后将两端在引火电极上缠紧，用万用表检查两电极是否通路。将药片放入不锈钢杯中，盖好并用手拧紧弹盖，关好出气口，拧下进气管上的螺钉，换接上导气管的螺钉，导气管的另一端与氧气钢瓶上的氧气减压阀连接。打开钢瓶阀门及减压阀缓缓进气，当气压达 2~3MPa 后，关好钢瓶阀门及减压阀，拧下氧弹上导气管的螺钉，把原来的螺钉装上，用万用表检查氧弹上导电的两极是否通路，若不通，则需放出氧气，打开弹盖进行检查。

（4）将量热计水夹套中装入自来水。用容量瓶准确量取 3L 自来水装入干净的铜水桶中，水温应较夹套水温低 0.5~1℃。用手扳动搅拌器，检查搅拌器桨叶是否与器壁相碰。在两极上接上点火导线，装上已调好的贝克曼温度计，盖好盖子，开动搅拌器。

待温度变化基本稳定后，开始读点火前最初阶段的温度，每隔半分钟读一次，共 10 个间隔，读数完毕，立即按电钮点火。指示灯熄灭表示着火，继续每半分钟读一次温度读数，至温度开始下降后，再读取最后阶段的 10 次读数，便可停止实验。实验数据记录在表4-2中。

（5）温度上升很快阶段的温度读数比较粗略，最初和最后阶段则需精密到0.002℃。点火完后注意关闭点火开关，以免下次实验时自动提前点火。

（6）停止实验后关闭搅拌器，先取下温度计，再打开量热计盖，取出氧弹并将其拭干，打开放气阀门缓缓放气。放完气后，拧开弹盖，检查燃烧是否完全，若弹内有炭黑或未燃烧的试样时，则应认为实验失败。若燃烧完全，则将燃烧后剩下的引火丝在分析天平上称量，并用少量蒸馏水洗涤氧弹内壁，将洗涤液收集在150mL锥形瓶中，煮沸片刻，用酚酞作指示剂，以0.100mol/L NaOH滴定。最后倒去铜水桶中的水，用毛巾擦干全部设备，以待进行下一次实验。

（二）萘的燃烧热的测定

在台秤上称约0.7g萘进行压片。其余操作与量热计常数 K 测定步骤相同。实验数据记录在表4-3中。

五、数据记录及处理

（一）数据记录

室温：________；气压：________；实验温度：________。

（1）苯甲酸重 a：________；引火丝重：________；

剩余引火丝重：________；燃烧掉引火丝重 q：________；

滴定用0.100mol/L NaOH体积 c：________。

表4-2 温度-时间数据记录表

读数序号（每半分钟）						
温度读数/K						

（2）萘重 a'：________；引火丝重：________；

剩余引火丝重：________；燃烧掉引火丝重 q'：________；

滴定用0.100mol/L NaOH体积 c'：________。

表4-3 温度-时间数据记录表

读数序号（每半分钟）						
温度读数/K						

（二）数据处理

（1）按式（4-5）分别求出苯甲酸和萘燃烧前后量热计的温度变化值 Δt。

（2）利用苯甲酸的恒容燃烧热，根据式（4-3）求量热计常数 K。

（3）计算萘的恒容燃烧热 Q_v。

六、思考题

（1）在使用氧气钢瓶及氧气减压阀时，应注意哪些规则？

（2）为什么要测真实温差？如何测定真实温差？

（3）搅拌过快或过慢有何影响？

（4）氧弹充入的氧气压力是否需要固定？对燃烧热有何影响？

实验三　溶解热的测定

一、实验目的

(1) 用简单量热计测定硝酸钾的溶解热，了解量热技术的基本原理和实验方法。

(2) 掌握贝克曼温度计的调节和使用方法。

(3) 掌握雷诺做图法校正温度的改变值。

二、实验原理

物质溶解于溶剂的过程中一般有热效应的发生，热效应的大小主要取决于溶剂和溶质的性质及它们的相对量。物质的溶解往往同时进行着两个过程：一是晶格点阵的破坏，即由晶格离子在溶剂作用下进入溶液，为吸热过程；二是离子或分子的溶剂化，为放热过程。这两种热效应的总和就是溶解热，最终是吸热还是放热，则由两种热效应相对大小来决定。

溶解热可分为积分溶解热和微分溶解热。积分溶解热是指一定温度压力下1mol 溶质溶解于一定物质的量的溶剂中产生的热效应。例如，1mol 溶质溶于200mol 或 400mol 的水中的热效应均称为积分溶解热，但数值不相同。微分溶解热是一个偏微分数量，可用 $\left(\frac{\partial Q}{\partial n_1}\right)_{T,p,n_0}$ 表示，其意义是：在无限量的一定浓度的溶液里加入 1mol 溶质时所产生的热效应。本实验是测定积分溶解热。

把量热计看成绝热体系。当把某种盐溶于瓶内的一定物质的量的水中时，可列出如下的热平衡式：

$$\Delta H_{溶解} = -[(GC_1 + gC_2) + K]\Delta t M/g \tag{4-6}$$

式中　$\Delta H_{溶解}$——盐在溶液温度及浓度下的积分溶解热，J/mol；

G——水的质量，g；

C_1——水的比热容，J/(g · K)；

g——溶质的质量，g；

C_2——溶质的比热容，J/(g · K)；

K——量热计的热容，J/K(指除溶液外，使体系温度升高所需的热量)；

Δt——溶解过程的真实温差，K；

M——溶质的摩尔质量，g/mol。

实验测得 G、g、Δt 及量热计的热容 K 后，即可按式（4-6）算出溶解热。量

热计的热容量 K 可根据已知溶解热的无机盐利用上述方法进行测定。

三、仪器与试剂

简单量热计，秒表，放大镜，贝克曼温度计。
分析纯硝酸钾，分析纯氯化钾。

四、实验步骤

（一）量热计热容量的测定

本实验采用已知氯化钾在水中的溶解热来标定量热计热容（不同温度下 1mol 氯化钾溶于 200mol 水中的积分溶解热见附录 12）。先在干净的量热计中装入 500mL 蒸馏水，将调好的贝克曼温度计插入到量热计中，此时汞柱应在 3℃附近。保持一定的搅拌速度，至温度变化基本稳定后，每分钟用放大镜准确读数一次，连续 8 次后，拔出橡皮塞，换上专用玻璃漏斗，立即将称好置于蜡光纸上的氯化钾（其量按 1mol 氯化钾：200mol 水计算，称准至 0.01g）经漏斗迅速倒入量热计中，取下漏斗，重新塞上皮塞，继续搅拌，并按每 30 秒钟读数一次，至温度不再下降，再每分钟读数一次，读取 8 次即可停止，然后用普通温度计测出量热计中的溶液温度。实验数据记录在表 4-4 中。

（二）硝酸钾溶解热的测定

用硝酸钾（其量按 1mol 硝酸钾：400mol 水计算）代替氯化钾重复步骤（一）操作。实验数据记录在表 4-5 中。

五、数据记录及处理

（一）数据记录

气压：________；室温：________。

（1）加氯化钾前后的温度-时间读数记录。

表 4-4 温度-时间读数记录表

时间/min							
读数/℃							

（2）加硝酸钾前后的温度-时间读数记录。

表 4-5 温度-时间读数记录表

时间/min							
读数/℃							

（二）数据处理

（1）根据实验数据做温度-时间曲线，用雷诺做图法求真实温差。

（2）计算量热计热容 K。

（3）计算硝酸钾在溶液温度下的溶解热。

六、思考题

（1）温度和浓度对溶解热有无影响？

（2）样品粒度的大小对溶解热测定有什么影响？

（3）如何从实验温度下的溶解热计算出其他温度下的溶解热？

七、附录

（一）氯化钾和硝酸钾的热容

氯化钾在 20℃ 的热容为 51.51J/(K · mol)，硝酸钾在 20℃ 的热容为 96.27J/(K · mol)。

（二）雷诺做图法校正温度

由于实际使用的量热计并不是严格的绝热系统，在测量过程中系统与环境存在微小的热交换，如传导热、辐射热、搅拌热等，因此不能直接读取到 $t_{末}$ 和 $t_{始}$。为此必须采取适当的办法对测量值进行校正，以消除热交换的影响，求得真实温差 Δt。本实验采用雷诺图解法对温度测量数据进行校正。其方法如下：

（1）将观测到的量热计温度对时间做图，得到一条溶解曲线，如图 4-4 所示。AB 段表示正式加入样品前 N 分钟（一般取 5min 为宜）体系与环境热交换所引起的温度线性变化；至 B 点时加入样品，温度从 B 点快速下降至 C 点溶解完全；CD 段表示溶解完毕后 N 分钟（一般也对等取 5min 为宜）内体系与环境的热交换而引起的温度线性变化。

（2）取 BC 横坐标（时间）之中点 O 做垂线交 CD 与 AB 的延长线于 F、G 两点，则 FG 就可以近似地认为是真实温差 Δt，即

$$\Delta t = t_{末} - t_{始} = t_F - t_G \tag{4-7}$$

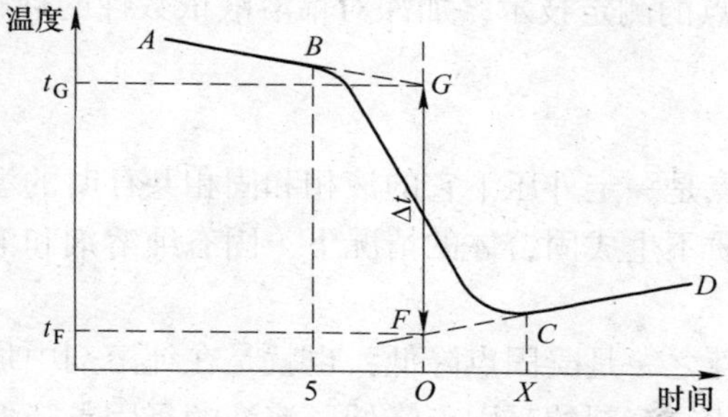

图 4-4 温度校正示意图

实验四　凝固点降低法测定摩尔质量

一、实验目的

(1) 用凝固点降低法测定萘的摩尔质量。

(2) 掌握凝固点的测定技术，加深对稀溶液依数性的理解。

二、实验原理

纯溶剂的凝固点是一定外压下它的液相和固相共存时的温度。溶液的凝固点通常指在溶剂和溶质不生成固溶体的情况下，固态纯溶剂和液态溶液平衡共存时的温度。

稀溶液的依数性之一是凝固点降低，也就是在纯溶剂中加入溶质形成稀溶液时，溶液的凝固点比纯溶剂的凝固点降低，溶液的凝固点降低值与溶质的质量摩尔浓度成正比：

$$\Delta T_f = K_f b_B \tag{4-8}$$

式中　ΔT_f——凝固点降低值，K；

K_f——凝固点降低常数，K · kg/mol，环已烷 $K_f = 20.0$K · kg/mol；

b_B——溶质的质量摩尔浓度，mol/kg。

$$b_B = \frac{m_B/M_B}{m_A} \tag{4-9}$$

式中　m_B——溶质质量，g；

M_B——溶质的摩尔质量，g/mol；

m_A——溶剂的质量，g。

如果已知溶剂的 K_f值，则测得溶液的凝固点降低值 ΔT_f后即可利用式（4-8）和式（4-9）计算溶质的摩尔质量。

将纯溶剂逐步冷却时，在未凝固之前温度将随时间均匀下降。开始凝固后由于放出凝固热而补偿了热损失，体系将保持液固两相共存的平衡温度不变，直到全部凝固为止，以后温度再继续均匀下降。若以温度对时间做图，得到冷却曲线如图 4-5（Ⅰ）所示。但在实际过程中经常发生过冷现象，其冷却曲线如图 4-5 中的（Ⅱ）所示，液体的温度要降到凝固点以下才析出固态，随后温度再上升至凝固点。过冷太甚会出现图 4-5（Ⅲ）的形状。

溶液的冷却曲线与纯溶剂不同。当冷却至凝固点时，开始析出固体纯溶剂，由于有溶剂凝固析出，剩下溶液的浓度逐渐增大，因而溶液的凝固点并不是一个

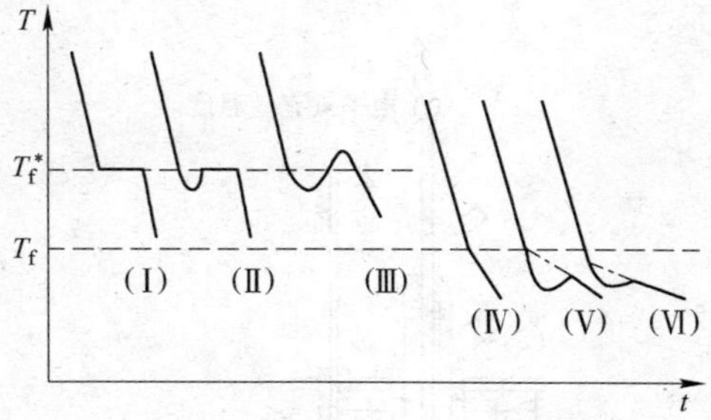

图 4-5 冷却曲线

恒定温度，而是随着溶剂的不断析出凝固点也逐渐下降，在步冷曲线上不会出现水平段，如图 4-5（Ⅳ）所示。因此，在测定一定浓度的溶液的凝固点时，要求析出的固体越少越好，否则会影响原溶液的浓度。过冷程度也应尽量减小，若发生过冷现象，则步冷曲线如图 4-5 中的（Ⅴ）所示，此时可将温度回升的最高值外推至与液相段交点为溶液的凝固点。若过冷现象严重，步冷曲线如图 4-5 中的（Ⅵ）所示，溶剂凝固过多，溶液浓度变化过大，则所测得的凝固点将偏低。为此在结晶时可加入少量溶剂的微小晶粒作为晶种，促使晶体形成，或用搅拌的方法加速晶体形成。

三、仪器与试剂

凝固点测定装置，电子贝克曼温度计，凝固点测定仪。

分析纯萘丸，分析纯环己烷。

四、实验步骤

（1）按图 4-6 所示组装好仪器。打开电子贝克曼温度计，将“温度-温差”按钮置于“温度”位置，预热 10min 以上。

（2）将冰敲成碎块，冬天可于冰浴槽中装 1/3 的冰、2/3 的水，夏天宜冰水各半（冰块适量增大），适当加以搅拌保持冰水浴是 3℃左右，可随时通过加减冰和水调节。

（3）用移液管移取 25mL 环己烷加入洗净的干燥凝固点测定仪内管中，安装好电子贝克曼温度计和玻璃搅拌器，温度计居中，下端距管底约 1cm，用木塞塞好管口，记下贝克曼温度计显示的环己烷的温度。实验中尽量避免空气进入管中冷凝。

（4）先把测定仪的内管直接放入冰水中，上下移动搅拌棒均匀搅拌，当有固体析出时，将测定仪的内管取出并擦干，放置于外管中组成空气夹套，当贝克曼温度计的读数基本不变时，记下此数值即粗测环己烷的凝固点温度。如液体过

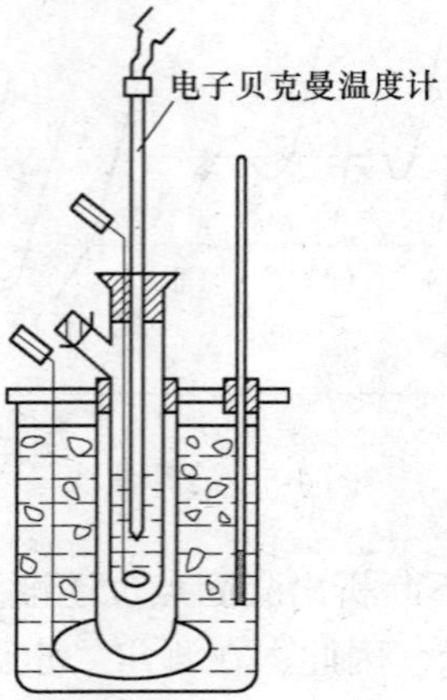

图 4-6 凝固点测定装置

冷超过 0.2℃仍不结晶，则可沾一滴环己烷晶种（由冰水浴中另一小试管制得）加到提起的搅拌器上，继续搅拌即可促使结晶。

（5）取出测定仪的内管用手加热，使管中固体全部融化，再将内管直接插入冰水浴中，使溶剂快速冷却，当溶剂温度降至高于粗测凝固点 0.5℃时迅速取出内管擦干，放置于外管中组成空气夹套，缓慢而均匀搅拌，使环己烷温度均匀下降。当温度高于粗测凝固点 0.2~0.3℃时应急速搅拌防止过冷现象严重。实验过程中每分钟记录一次数据，在凝固点附近每 0.5min 记录一次数据。重复两次测定溶液凝固点，要求凝固点的绝对平均误差小于±0.003℃。实验数据记录在表 4-6 中。

（6）用分析天平称取 0.1g 左右纯萘丸投入内管中，立即塞好管口，搅拌使萘完全溶解，按照步骤（4）、（5）进行实验，每分钟记录一次数据，在凝固点附近每 0.5min 记录 1 次数据。重复两次测定溶液凝固点。实验数据记录在表 4-6 中。

五、数据记录及处理

（一）数据记录

室温：________；气压：________。

表 4-6 温度-时间数据记录表

溶剂凝固点的测定	时间/min					
	温度/℃	1				
		2				

续表 4-6

溶液凝固点的测定	时间/min					
	温度/℃	1				
		2				

（二）数据处理

（1）根据实验数据绘制出步冷曲线，用外推法确定环己烷凝固点 T_f^* 和溶液凝固点 T_f，计算实验结果。

（2）由环己烷的密度，计算所取环己烷的质量，并由所得数据计算萘的摩尔质量，计算与理论值的相对误差。

六、思考题

（1）凝固点降低的公式在什么条件下才适用？它能否用于电解质溶液？

（2）为什么会产生过冷现象？

（3）为什么要使用空气夹套？过冷太甚有何弊病？

（4）测定环己烷和萘丸质量时，精密度要求是否相同？为什么？

实验五　偏摩尔体积的测定

一、实验目的

（1）掌握二组分溶液偏摩尔体积的测定方法。
（2）测定 NaCl 水溶液中各组分的偏摩尔体积，加深对偏摩尔量概念的认识。
（3）掌握比重瓶测定溶液密度的方法。

二、实验原理

偏摩尔体积的物理意义可从两个角度理解。一是温度、压力及溶液一定的情况下，在一定量的溶液中加入极少量的 A（由于加入 A 的量极少，可以认为溶液浓度没有发生变化），此时，系统体积的改变量与所加入 A 的物质的量之比即为该温度、压力及溶液浓度的情况下 A 的偏摩尔体积。二是可以将 A 的偏摩尔体积理解为在一定温度、压力及溶液浓度的情况下，将 1mol A 加入大量的溶液中（由于溶液量大，可以认为加入 1mol A，溶液浓度没有发生改变），此时，溶液体积的改变量则为该温度、压力及溶液浓度下 A 的偏摩尔体积。偏摩尔体积 V_A 与纯组分摩尔体积 $V_{m,A}^*$ 不同，因为 $V_{m,A}^*$ 只涉及 A 分子本身之间的作用力，而 V_A 则不仅涉及 A 分子本身的作用力，还有 B 分子之间以及 A 与 B 分子之间的作用力。而且这三种作用力对溶液总体积的影响将随溶液中 A、B 分子的比例而变，亦即随溶液浓度而变。定量的描述这些分子之间的作用力是十分困难的，在大多数情况下，可简单地将 $V_{m,A}^*$ 和 V_A 进行比较，以做定性说明。

在恒温恒压下，物质的量分别为 n_A 和 n_B 的组分 A 和组分 B 形成二组分溶液。该溶液的任何广延性质 Z 的全微分可表示为

$$dZ = \left(\frac{\partial Z}{\partial n_A}\right)_{T,p,n_B} dn_A + \left(\frac{\partial Z}{\partial n_B}\right)_{T,p,n_A} dn_B \tag{4-10}$$

如果定义

$$Z_A = \left(\frac{\partial Z}{\partial n_A}\right)_{T,p,n_B} \qquad Z_B = \left(\frac{\partial Z}{\partial n_B}\right)_{T,p,n_A} \tag{4-11}$$

则

$$dZ = Z_A dn_A + Z_B dn_B \tag{4-12}$$

式中　Z_A——物质 A 的某种广延性质 Z 的偏摩尔量；
　　Z_B——物质 B 的某种广延性质 Z 的偏摩尔量。

若溶液的广延性质为体积 V，则 V_A，V_B 分别为 A 和 B 的偏摩尔体积，定义为

$$V_A = \left(\frac{\partial V}{\partial n_A}\right)_{T,p,n_B} \qquad V_B = \left(\frac{\partial V}{\partial n_B}\right)_{T,p,n_A} \tag{4-13}$$

有

$$dV = V_A dn_A + V_B dn_B \tag{4-14}$$

溶液总体积 V 与 n_A、n_B、T、p 有关，即

$$V = f(n_A, n_B, T, p) \tag{4-15}$$

当 T，p 一定时，

$$V = n_A V_A + n_B V_B \tag{4-16}$$

$$dV = n_A dV_A + V_A dn_A + n_B dV_B + V_B dn_B \tag{4-17}$$

将式（4-17）与式（4-14）比较、整理后得到

$$n_A dV_A + n_B dV_B = 0 \tag{4-18}$$

$$\frac{dV_A}{dV_B} = -\frac{n_B}{n_A} = -\frac{x_B}{x_A} = \frac{x_B}{x_B - 1} \tag{4-19}$$

式中　x_A——组分 A 的摩尔分数；

x_B——组分 B 的摩尔分数。

式（4-18）为吉布斯-杜亥姆公式。由式（4-19）可见，V_A和 V_B间存在着函数关系，V_A和 V_B彼此不是独立的。V_A的变化将引起 V_B的变化，若 V_A不变，V_B也保持不变，当 x_B为一定值，即溶液浓度一定时，dV_A一定，dV_B也就一定了。

实验中，通常利用 V_A和 V_B与一些实验直接测定量关系，经过数据处理，求算 V_A和 V_B。下面介绍两种求偏摩尔体积的方法。

（1）$Q - \sqrt{b_B}$ 做图法。由式（4-13）和式（4-16）可得

$$V = n_A V_A + n_B V_B \tag{4-20}$$

式（4-20）可改写为

$$V = n_A V_{m,A}^* + n_B Q \tag{4-21}$$

式中　$V_{m,A}^*$——纯 A 的摩尔体积，L/mol；

Q——B 的表观摩尔体积，L/mol。

$$Q = \frac{V - n_A V_{m,A}^*}{n_B} \tag{4-22}$$

由物质的量分别为 n_A和 n_B的物质 A、B 配成溶液，其密度为 ρ，则溶液的体积为

$$V = \frac{n_A M_A + n_B M_B}{\rho} \tag{4-23}$$

式中　M_A——物质 A 的摩尔质量，g/mol；

M_B——物质 B 的摩尔质量，g/mol。

把此关系式代入式（4-22），得

$$Q=\frac{1}{n_{\mathrm{B}}}\left(\frac{n_{\mathrm{A}}M_{\mathrm{A}}+n_{\mathrm{B}}M_{\mathrm{B}}}{\rho}-n_{\mathrm{A}}V_{\mathrm{m,A}}^{*}\right) \tag{4-24}$$

当溶液组成用质量摩尔浓度 b_{B} 表示时，式中，

$$n_{\mathrm{A}}=\frac{m_{\mathrm{A}}}{M_{\mathrm{A}}} \qquad m_{\mathrm{A}}=1\mathrm{kg}$$

$$n_{\mathrm{B}}=b_{\mathrm{B}}m_{\mathrm{A}}$$

$$Q=\frac{1}{b_{\mathrm{B}}}\left(\frac{1+b_{\mathrm{B}}M_{\mathrm{B}}}{\rho}-\frac{1}{M_{\mathrm{A}}/V_{\mathrm{m,A}}^{*}}\right) \tag{4-25}$$

因为 $M_{\mathrm{A}}/V_{\mathrm{m,A}}^{*}=\rho_{\mathrm{A}}$，$\rho_{\mathrm{A}}$ 为纯 A 的密度，所以

$$Q=\frac{1}{b_{\mathrm{B}}}\left(\frac{1+b_{\mathrm{B}}M_{\mathrm{B}}}{\rho}-\frac{1}{\rho_{\mathrm{A}}}\right)=\frac{1}{b_{\mathrm{B}}\rho\rho_{\mathrm{A}}}(\rho_{\mathrm{A}}-\rho)+\frac{M_{\mathrm{B}}}{\rho} \tag{4-26}$$

由式（4-26）可知，与 Q 有关的量 b_{B}、ρ_{A}，ρ 都可由实验测得，因此 Q 可由这些测量值计算而得。进而只要找到 V_{A}、V_{B} 和 Q 的关系，即可求摩尔体积。为此，先把式（4-21）对 n_{B} 求导，得

$$V_{\mathrm{B}}=\left(\frac{\partial V}{\partial n_{\mathrm{B}}}\right)_{T,p,n_{\mathrm{A}}}=Q+n_{\mathrm{B}}\left(\frac{\partial Q}{\partial n_{\mathrm{B}}}\right)_{T,p,n_{\mathrm{A}}} \tag{4-27}$$

而

$$V_{\mathrm{A}}=\frac{V-n_{\mathrm{B}}V_{\mathrm{B}}}{n_{\mathrm{A}}} \tag{4-28}$$

式（4-28）中的 V 和 V_{B} 分别用式（4-21）和式（4-27）的关系代入，得

$$V_{\mathrm{A}}=\frac{1}{n_{\mathrm{A}}}\left[n_{\mathrm{A}}V_{\mathrm{m,A}}^{*}-n_{\mathrm{B}}^{2}\left(\frac{\partial Q}{\partial n_{\mathrm{B}}}\right)_{T,p,n_{\mathrm{A}}}\right] \tag{4-29}$$

从式（4-27）和式（4-29）可以看出，已知 n_{A}、n_{B}、Q，$\partial Q/\partial n_{\mathrm{B}}$ 便可求算 V_{A}、V_{B}。上述计算方法，对于二组分溶液未加任何限制，所以原则上适用于所有的二组分溶液系统。

因溶液组成用质量摩尔浓度表示，故

$$\left(\frac{\partial Q}{\partial n_{\mathrm{B}}}\right)_{T,p,n_{\mathrm{A}}}=\left(\frac{\partial Q}{\partial b_{\mathrm{B}}}\right)_{T,p,n_{\mathrm{A}}}=\frac{\partial Q}{\partial\sqrt{b_{\mathrm{B}}}}\times\frac{\partial\sqrt{b_{\mathrm{B}}}}{\partial b_{\mathrm{B}}} \tag{4-30}$$

将式（4-30）代入式（4-27）得

$$V_{\mathrm{B}}=Q+\frac{\sqrt{b_{\mathrm{B}}}}{2}\left(\frac{\partial Q}{\partial\sqrt{b_{\mathrm{B}}}}\right)_{T,p,n_{\mathrm{A}}} \tag{4-31}$$

因为

$$n_{\mathrm{A}}=\frac{1\mathrm{kg}}{M_{\mathrm{H_2O}}}=\frac{1\mathrm{kg}}{18.016\times10^{-3}\mathrm{kg/mol}}=55.51\mathrm{mol}$$

所以

$$V_B = Q^0 + \frac{b_B^2}{55.51}\left(\frac{1}{2\sqrt{b_B}} \times \frac{\partial Q}{\partial \sqrt{b_B}}\right) \tag{4-32}$$

对于强电解质稀薄水溶液，德拜-休克尔理论证明了其表观摩尔体积 Q 与 $\sqrt{b_B}$ 呈线性关系。如图 4-7 所示，对于 $Q-\sqrt{b_B}$ 线上的任何一点 $p(\sqrt{b_B}, Q)$，有

$$\frac{Q-Q^0}{\sqrt{b_B}} = \frac{\partial Q}{\partial \sqrt{b_B}}$$

$$V_B = Q^0 + \sqrt{b_B}\frac{\partial Q}{\partial \sqrt{b_B}}$$

则

$$V_B = Q^0 + \frac{3}{2}\sqrt{b_B}\left(\frac{\partial Q}{\partial \sqrt{b_B}}\right)_{T,p,n_A} \tag{4-33}$$

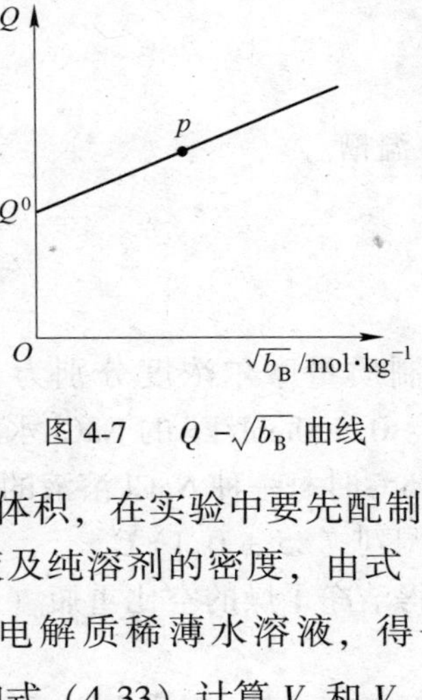

图 4-7 $Q-\sqrt{b_B}$ 曲线

综上所述，为求偏摩尔体积，在实验中要先配制不同质量摩尔浓度的溶液，在恒温恒压下测定每一溶液及纯溶剂的密度，由式（4-26）计算每一溶液的 Q 值，做 Q-$\sqrt{b_B}$ 图。若是强电解质稀薄水溶液，得一条直线，直线的斜率为 $\partial Q/\partial\sqrt{b_B}$，由式（4-32）和式（4-33）计算 V_A 和 V_B。

（2）截距法。将式（4-16）两边同除以 n_A+n_B，则

$$\frac{V}{n_A+n_B} = \frac{n_A}{n_A+n_B}V_A + \frac{n_B}{n_A+n_B}V_B$$

$$V_m = x_AV_A + x_BV_B = x_AV_A + (1-x_A)V_B = x_A(V_A - V_B) + V_B \tag{4-34}$$

式中，$V_m = \dfrac{V}{n_A+n_B}$，可由测得溶液的体积算得。测得一系列溶液的 V_m 后做 V_m-x_A 图（一般为曲线）过线上任一点作切线，切线的斜率为（V_A-V_B），$x_A=0$ 的截距为 V_B。二组分溶液的 V_A 和 V_B 的关系如图 4-8 所示。

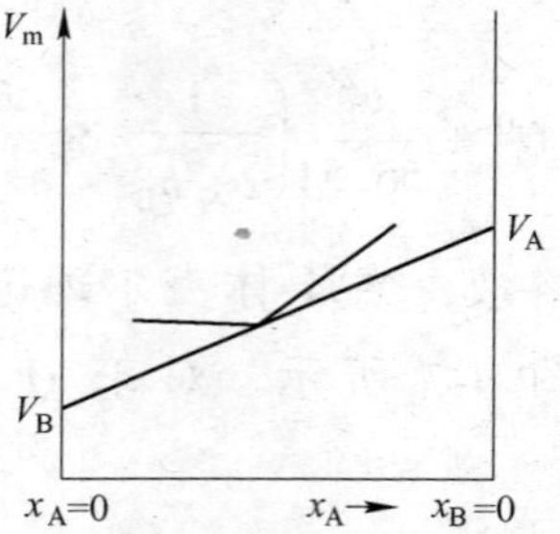

图 4-8 二组分溶液的 V_A 和 V_B 的关系

同理，

$$V_m = (1 - x_B)V_A + x_BV_B = x_B(V_B - V_A) + V_A \tag{4-35}$$

在 V_m-x_B 图上，线上的任一点切线的斜率为（$V_B - V_A$），$x_B = 0$ 的截距 V_A，所以 $V_m - x_A$（或 $V_m - x_B$ 是同样的）线上任一点切线在 $x_A = 0$ 和 $x_B = 0$ 的截距即 V_B 和 V_A。

三、仪器与试剂

分析天平，比重瓶，恒温槽。

分析纯 NaCl。

四、实验步骤

（1）用称量法精确配制质量摩尔浓度分别为 3.000mol/kg、2.000mol/kg、1.000mol/kg、0.700mol/kg、0.500mol/kg 的 NaCl 水溶液。

（2）用比重瓶法测定 25℃时每一种 NaCl 溶液的密度 ρ，操作步骤如下：

1）先将恒温槽的温度调到（25 ± 0.1）℃。

2）用分析天平精确称得洁净干燥的空比重瓶（连毛细管磨口塞和磨口帽一起）的质量 m_1。

3）取下瓶帽和毛细管磨口塞，将纯水注满比重瓶，轻轻塞上毛细管磨口塞，使瓶内的水经磨口毛细管溢出，注意瓶内不得有气泡，将比重瓶置于恒温水槽中，使水浸没瓶颈。恒温 10min 后，用滤纸迅速吸去毛细管溢出的水，盖上磨口帽，将比重瓶从恒温槽中取出（只可用手拿瓶颈处）用吸水纸将瓶外壁擦干（这时要特别小心，不要因手的温度过高而使瓶中的水溢出），再精确称量装满水的比重瓶的质量 m_2。

4）倒出比重瓶中的纯水，用待测 NaCl 溶液冲洗净比重瓶后，注满待测 NaCl 溶液，重复步骤 3）的操作，称得装满被测 NaCl 溶液的比重瓶的质量 m_3。

5）按以下公式计算 NaCl 溶液在温度 t 时的密度 $\rho(t)$，并将所有实验数据记录在表4-7中。

$$\rho(t)=\frac{m_3-m_1}{m_2-m_1}\rho(H_2O,\ t)$$

式中　$\rho(H_2O,\ t)$——在温度 t 时纯水的密度，kg/m³。

五、数据记录与处理

（一）数据记录

室温：________；气压：________；蒸馏水密度：________。

表4-7　原始数据记录表

序号	NaCl 质量摩尔浓度/mol · kg^{-1}	m_1/g	m_2/g	m_3/g	$\rho(t)$/kg · m^{-3}
1	3.000				
2	2.000				
3	1.000				
4	0.700				
5	0.500				

（二）数据处理

（1）计算每一个溶液的 b_B、$\sqrt{b_B}$、ρ 和 Q 值。

（2）做 $Q-\sqrt{b_B}$ 图，由图求 $\partial Q/\partial\sqrt{b_B}$ 及 Q^0值。

（3）计算25℃及实验大气压下，$b_B=0.500$mol/kg 和 $b_B=1.000$mol/kg 时水和 NaCl 的偏摩尔体积。

六、思考题

（1）用比重法测定液体的密度，测得精确结果的关键是什么？

（2）如何使用比重瓶测量粒状固体物的密度？

实验六　碘和碘离子反应平衡常数的测定

一、实验目的

(1) 测定碘和碘离子反应的平衡常数。

(2) 测定碘在四氯化碳和水中的分配系数。

(3) 了解温度对平衡常数及分配系数的影响。

二、实验原理

碘溶于碘化物（如 KI）水溶液中，主要生成 I_3^-，形成下列平衡：

$$I_2 + I^- \rightleftharpoons I_3^- \tag{4-36}$$

其平衡常数为：

$$K_a = \frac{\alpha_{I_3^-}}{\alpha_{I_2}\alpha_{I^-}} = \frac{c_{I_3^-}}{c_{I_2}c_{I^-}} \times \frac{\gamma_{I_3^-}}{\gamma_{I_2}\gamma_{I^-}} \tag{4-37}$$

式中，α、c、γ 分别为活度、浓度和活度系数。

若为稀溶液，则

$$\frac{\gamma_{I_3^-}}{\gamma_{I_2} \cdot \gamma_{I^-}} \approx 1$$

故得

$$K_a = \frac{c_{I_3^-}}{c_{I_2}c_{I^-}} \tag{4-38}$$

本实验采用化学分析法测定平衡浓度，然后根据式（4-38）计算出平衡常数 K_a。为了测定平衡常数，应在不扰动平衡状态的条件下测定平衡组成。但是要在 KI 溶液中用碘量法直接测出平衡时各物质的浓度是不可能的，因为用 $Na_2S_2O_3$ 标准溶液滴定溶液中的 I_2 时，随着 I_2 的消耗，式（4-36）的平衡向左移动，直至 I_3^- 消耗完毕，因而最终测得的 I_2 量实际是溶液中 I_2 和 I_3^- 的总量。为测得其中的 I_2 量，本实验用溶有适量碘的四氯化碳和碘化钾溶液充分混合振荡，达成复相平衡。因为 I^- 和 I_3^- 不溶于 CCl_4，所以复相平衡即式（4-36）的化学平衡和 I_2 在 CCl_4 层与 KI 水溶液层的分配平衡同时达到，见图 4-9。溶液中的 I_2 不仅与水层中的 I^- 和 I_3^- 成平衡，而且与 CCl_4 中的 I_2 也建立平衡。

由于在一定温度下达到平衡时，碘在四氯化碳层的浓度和在水溶液中的浓度之比为一常数 K_d，称为分配系数。

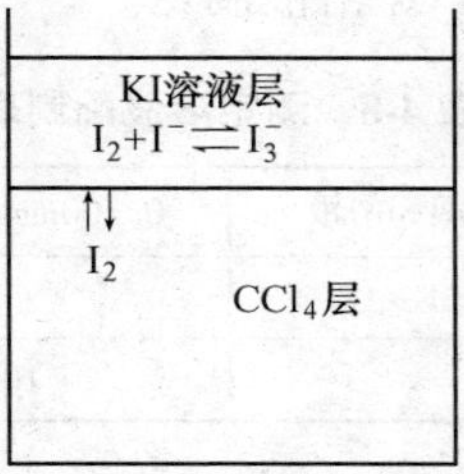

图 4-9 I_2 在水和 CCl_4 中的平衡

$$K_d = \frac{c_{I_2}(CCl_4\text{层})}{c_{I_2}(H_2O\text{层})} \tag{4-39}$$

因此当测定了碘在四氯化碳层中的浓度后，可通过预先测定的分配系数求出碘在 KI 溶液中的浓度。而分配系数 K_d 可借助于 I_2 在 CCl_4 和纯水中的分配来测定。

$$K_d = \frac{c_{I_2}(CCl_4\text{层})}{c_{I_2}(\text{纯水中})} \tag{4-40}$$

再分析测定 KI 水溶液中的总碘量［c_{I_2}(KI 溶液)$+c_{I_3^-}$］减去 c_{I_2}（KI 溶液）即得 $c_{I_3^-}$。

由于形成一个 I_3^- 要消耗一个 I^-，所以平衡时 I^- 的浓度为：

$$c_{I^-} = c_{I^-}^0 - c_{I_3^-}$$

式中，$c_{I^-}^0$ 为 KI 溶液中 I^- 的原始浓度。

将 c_{I_2}（KI 溶液）、$c_{I_3^-}$、c_{I^-} 代入式（4-38）即得平衡常数 K_a。

三、仪器与试剂

恒温槽，滴定管，碘量瓶，洗耳球。

0.04mol/L 的 $I_2(CCl_4)$ 溶液，0.025mol/L 的 $Na_2S_2O_3$ 标准溶液，0.100mol/L 的 KI 水溶液，0.02%的 I_2 饱和水溶液，0.5%淀粉指示剂。

四、实验步骤

（1）调节恒温槽温度约比室温高 10℃。

（2）取 2 个 250mL 碘量瓶标明号码，用量筒按表 4-8 配制溶液，配好后立即塞紧磨口塞。

（3）将配好的溶液振荡 1min 左右，然后置于恒温槽中，每隔 10min 取出振荡 1 次，但振荡时间一般在 0.5min 左右，时间不宜过长，最后一次振荡需将附在水层表面的 CCl_4 振荡下去，约经 1h 后取出溶液，按数据记录表 4-9 所列数据用移液管准确取样，并用 $Na_2S_2O_3$ 溶液滴定。

表 4-8　测定溶液配制表

编　号	0.02% I_2 饱和溶液	0.100mol/L KI 溶液	0.04mol/L I_2(CCl_4)
1	100mL	0	25mL
2	0	100mL	25mL

1）每次取样两份，求取平均值。

2）分析水层时，用 $Na_2S_2O_3$ 标准溶液滴定至淡黄色，然后加数滴淀粉指示剂，此时溶液呈蓝色，继续滴定至蓝色刚消失。滴定消耗 $Na_2S_2O_3$ 标准溶液体积记录在表 4-9 中。

3）取 CCl_4 层样品时，用洗耳球使移液管鼓泡穿过水层进入 CCl_4 层或用一指头塞紧移液管端口直插入 CCl_4 层中取样，放入盛有 10mL 蒸馏水的锥形瓶中，加入少量固体 KI 或 10mL 的 0.100mol/L KI 水溶液，以加快 CCl_4 层中的 I_2 完全提取到水层中，用 $Na_2S_2O_3$ 标准溶液滴定，滴定时要充分振荡，细心滴至淀粉指示剂的蓝色消失，CCl_4 层不再现红色。滴定消耗 $Na_2S_2O_3$ 标准溶液体积记录在表 4-9 中。

4）滴定后未用完的溶液应倾入回收瓶中。

五、数据记录及处理

（一）数据记录

槽温：________；$Na_2S_2O_3$ 浓度：________；KI 溶液浓度（$c^0_{I^-}$）：________。

表 4-9　滴定消耗 $Na_2S_2O_3$ 标准溶液体积

编　号	1				2			
取样体积	25mL 水层		5mL CCl_4 层		25mL 水层		5mL CCl_4 层	
消耗 $Na_2S_2O_3$ 体积/mL								
消耗 $Na_2S_2O_3$ 平均体积/mL								

（二）数据处理

（1）由 1 号样品的数据按 $K_d=\dfrac{c_{I_2}(CCl_4\text{层})}{c_{I_2}(H_2O\text{层})}=\dfrac{25}{5}\times\dfrac{V(CCl_4)}{V(H_2O)}$ 计算分配系数。式中 $V(CCl_4)$、$V(H_2O)$ 分别为滴定 5mL CCl_4 层样品及 25mL 水层样品所消耗的 $Na_2S_2O_3$ 溶液的体积。

（2）由 2 号样品数据计算平衡组成 c_{I_2}、$c_{I_3^-}$、c_{I^-}及平衡常数 K_a。

六、思考题

(1) 本实验用的碘量瓶和锥形瓶哪些需要干燥，哪些不需要干燥？为什么？

(2) 本实验为何需要恒温？

(3) 取 CCl_4 层滴定时加入 KI 溶液是否影响滴定结果？

实验七　二组分固-液平衡相图的绘制

一、实验目的

(1) 掌握用热分析方法绘制二组分体系相图的基本方法。
(2) 了解步冷曲线及二组分固-液相图的基本特点。
(3) 掌握热分析绘制相图的基本原理。

二、实验原理

研究多相平衡体系的状态如何随浓度、温度、压力的变化而变化，并用图形表示出来，这种图形称为相图。用热分析法绘制二组分体系相图的原理是根据系统在冷却过程中温度随时间的变化情况来判断系统中是否发生了相变化。如果系统不发生相变，温度将均匀下降，如果在某一温度或温度区间发生相变，由于热效应的产生，系统温度的变化速度会减缓或暂时停止。将一系列已知组成的二组分体系全部熔化，然后在一定环境下自行冷却，每隔一定时间记录一次温度，直到样品全部凝固为止，以温度对时间做图即可得到步冷曲线。根据不同组成的系统的步冷曲线出现转折点或停歇点，找出发生相变的温度即可绘制出相图。

(1) 纯物质的步冷曲线如图4-10中曲线A所示，开始时体系只有熔融态（液相）存在，由于和环境交换热量，温度不断下降，根据相律，纯物质$C=1$，$P=1$，$F=1-1+1=1$，冷却速率几乎保持不变（ab段）。当体系中有固体开始形成（凝固）时，出现两相（即液相和固相）。根据相律，纯物质$C=1$，$P=2$，$F=1-2+1=0$。因此，在两相平衡时，体系的凝固温度保持不变，直至所有液体全部变为固体为止（bc段）。当体系液相消失只有固体存在时，体系自由度$F=1-1+1=1$。因环境温度比体系温度低，所以固体温度又继续下降（cd段），步冷曲线的上段（ab）和下段（cd）部分的冷却速度不同，是由于固态和液态的热容、导热性质不同所致。

(2) 两组分混合物的步冷曲线如图4-10中曲线B所示。这是一个不形成化合物与固熔体的体系。曲线ab部分相当于液相的冷却，这段曲线的斜率与熔融物的比热及体系与环境之间的温度差有关，当有固体开始结晶时，随固体析出，有相变热释出，斜率有明显变化，在步冷曲线上出现转折（图中b点）。使冷却过程变慢，此时系统中两相平衡自由度$F=2-2+1=1$，体系比环境温度高，体系温度下降。当第二固体出现，即低共熔混合物的固体析出，这时有三个相共存，自由度$F=2-3+1=0$，温度保持一定不变，所以步冷曲线cd部分为一水平直线段。在此温度下，两种固体按照其在熔融体中相同的比例结晶出来，熔融体的组成不变，当完全凝固（图中 *de* 段），液相消失，此时体系是两不相混溶的固体，自由度 $F=2-2+1$，温度又继续下降了。

液相与两个固相共存时的温度称为低共熔温度，这时液相的组成称为低共熔组成。显然，低共熔组成也就是低共熔固相混合物的比例。这一组成由该双组分的性质决定。如一熔融体系的组成恰为该两组分的低共熔组成，则所得的步冷曲线具有和纯物质的步冷曲线相同的特点（如图 4-10 中曲线 *A*）。

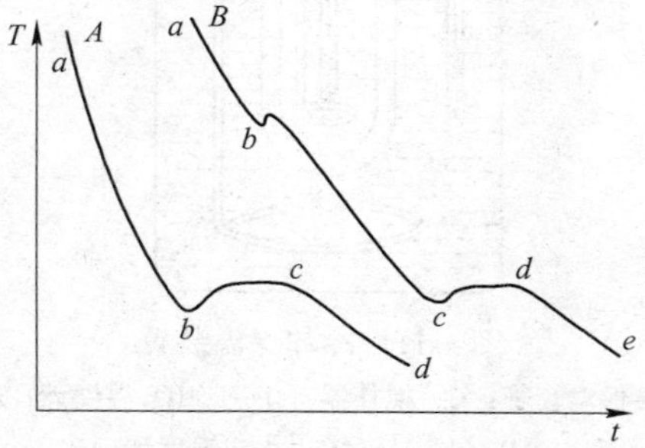

图 4-10　冷却曲线图

A—纯物质曲线；*B*—两组分体系曲线

利用上述方法，将一系列组成不同的熔融体的步冷曲线绘出，在各组成步冷曲线上得出有固体析出的温度和低共熔点温度，便可绘出二组分体系的相图。

三、仪器与试剂

工业天平（0.01g），冷却保温装置，水银温度计（−5～100℃，最小分度值为 0.1℃）。

分析纯萘，分析纯 α-萘胺。

四、实验步骤

（1）配制样品。用感量为 0.01g 的天平，分别称取纯萘，含 10%、20%、40%、50%、60%、80%α-萘胺的萘-α-萘胺体系及纯 α-萘胺样品各 20g，分别置于 8 支试管中。

（2）熔融样品。将配好的样品管用水浴加热使样品熔化，插入温度计，并注意使其水银球置于样品的中部，迅速移至图 4-11 所示的冷却保温装置中的冷却样品管中，仔细观察温度变化，每隔 30s 读取温度一次，直至温度−时间曲线的水平线段以下。实验数据记录在表 4-10 中。

（3）每测完一个样品都将它重新熔化，取出温度计并用滤纸擦干净，用于另一样品测定。

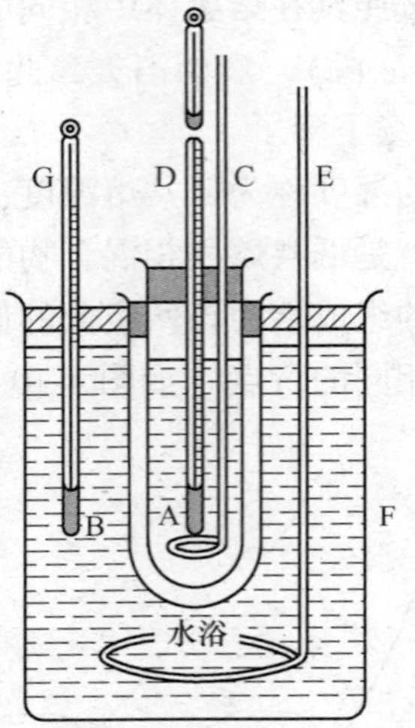

图 4-11 冷却保温装置

A—样品管；B—保温套管；C—搅拌器；D—1/10℃温度计；E—水浴搅拌器；F—水浴杯；G—水浴温度计

五、数据记录及处理

（一）数据记录

表 4-10 温度-时间数据记录表 （K）

时间 t/min	0.5	1	1.5	…
T（纯萘）				
T（10%α-萘胺）				
T（20%α-萘胺）				
T（40%α-萘胺）				
T（50%α-萘胺）				
T（60%α-萘胺）				
T（80%α-萘胺）				
T（纯 α-萘胺）				

（二）数据处理

（1）以温度对时间做图绘制出各样品的步冷曲线。

（2）由步冷曲线求得各样品的相变温度，作出萘-α-萘胺二组分体系的相图。

（3）由相图确定低共熔点及低共熔物的组成。

六、思考题

（1）试用相律分析相图中各区域内的稳定相态及自由度。

（2）熔融体冷却时，步冷曲线为什么会出现转折点和水平线段？

实验八　三组分等温相图的绘制

一、实验目的

（1）掌握滴定法绘制三组分等温相图的实验方法。

（2）掌握三角坐标绘制三组分相图的方法。

二、实验原理

三组分体系 $C=3$，如果体系又处于恒温、恒压下，根据相律，其自由度 $F=3-P$。当体系为单相时，$F=2$，因此恒温恒压时三组分体系其浓度变量数最多只有两个，可以用平面图形来表示体系的状态和组成间的关系，此平面图形即称三元相图。通常用等边三角形三顶点分别表示三个纯物质 A、B、C。AB、BC、CA 三边分别表示 A 和 B、B 和 C、C 和 A 所组成的二组分体系的组成。三角形内任一点则表示三组分体系的组成。图 4-12 中的 O 点的组成为 $w(\mathrm{A})=Cc'$、$w(\mathrm{B})=Aa'$、$w(\mathrm{C})=Bb'$。

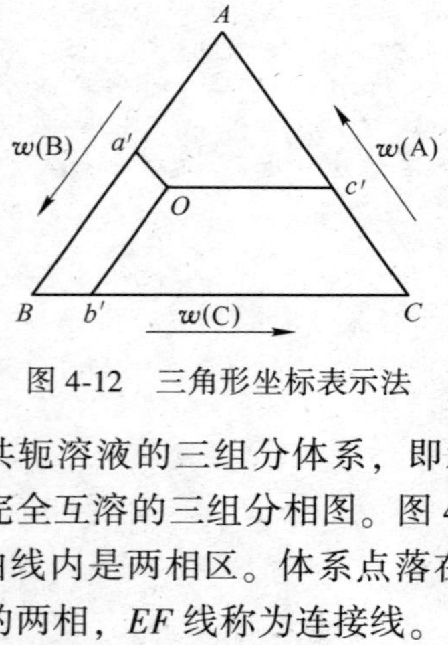

图 4-12　三角形坐标表示法

本实验研讨生成一对共轭溶液的三组分体系，即水和氯仿的相互溶解度极小，而醋酸与水和氯仿却完全互溶的三组分相图。图 4-13 中曲线 $abcd$ 为溶解度曲线，曲线外是单相区，曲线内是两相区。体系点落在两相区内，即分成两相。如点 c 分成组成为 E 和 F 的两相，EF 线称为连接线。

在水和氯仿组成的两相体系中加入醋酸可增大水和氯仿之间的互溶度。当加入醋酸到达一定数量时，水和氯仿完全互溶，这时混合物由混变清，体系由两相区进入单相区。同样在均相体系中要分成水相和氯仿相，使混合物由清变混，则可加入水。本实验采用由均相样品中加入第三组分使之出现两相的方法，测定二组分间的相互溶解度。

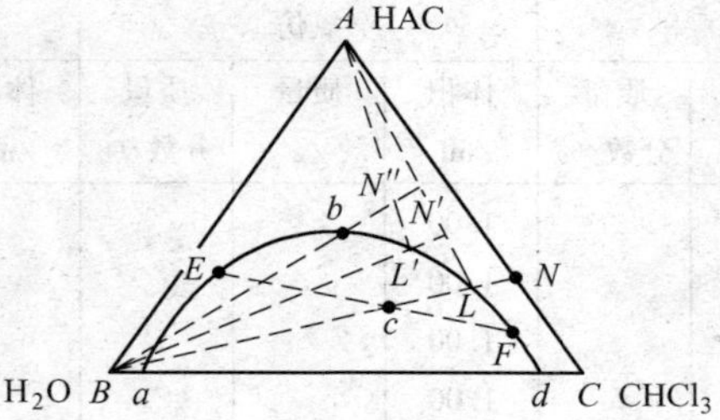

图 4-13 具有一对共轭溶液的三组分体系相图

在以一定比例混合的完全互溶的两个组分（如 A 和 C）形成的均相溶液（如图 4-13 上的 N 点）中滴加 B 组分，体系点沿 NB 移动，直至溶液变浑浊即为 L 点，然后加入 A，体系点沿 LA 升至 N' 点而变清，如再加入 B，则体系点又沿 $N'B$ 由 N' 点移至 L' 点再次变浑浊，再滴加 A 使之变清……如此重复，最后连接 L，L'，L''，…，即可绘出其溶解度曲线。

三、仪器与试剂

50mL 碱式滴定管 1 支，50mL 酸式滴定管 1 支。

分析纯氯仿，分析纯冰醋酸，0. 5mol/L NaOH 溶液，酚酞指示剂。

四、实验步骤

（1）酸式滴定管内装水，碱式滴定管内装 NaOH 溶液。

（2）移取 6mL 氯仿及 1mL 醋酸于干燥洁净的Ⅰ号 100mL 锥形瓶中，然后慢慢滴加水，且不停地摇动，至溶液由清变混即为终点，记下水的体积。同法依次向Ⅰ号瓶中加入 2mL、3. 5mL、6. 5mL 醋酸并分别滴加水不停地摇动至溶液由清变混，同时分别记下各次水的用量。实验数据记录在表 4-11 中。最后加入 40mL 水加塞摇动（每隔 5min 摇 1 次），30min 后将此液作测量连接线用（溶液Ⅰ）。

表 4-11 原始数据记录表 1

编号		醋酸			氯仿			水			总重量/g
		体积/mL	质量/g	质量分数/%	体积/mL	质量/g	质量分数/%	体积/mL	质量/g	质量分数/%	
Ⅰ	1	1. 00			6. 00						
	2	3. 00			6. 00						
	3	6. 50			6. 00						
	4	13. 00			6. 00						
	5	13. 00			6. 00			再加 40			

续表 4-11

编号		醋酸			氯仿			水			总重量/g
		体积/mL	质量/g	质量分数/%	体积/mL	质量/g	质量分数/%	体积/mL	质量/g	质量分数/%	
Ⅱ	6	3.00			1.00						
	7	5.00			1.00						
	8	10.00			1.00						
	9	16.00			1.00						
	10	21.00			10.00						

(3) 移取 1mL 氯仿及 3mL 醋酸于另一支干燥洁净的Ⅱ号 100mL 锥形瓶中，用水滴至浑浊为终点，以后向Ⅱ号瓶中依次加入 2mL、5mL、6mL 醋酸，分别用水滴至终点并记下各次水的用量。实验数据记录在表 4-11 中。最后加入 9mL 氯仿和 5mL 醋酸，同前法每隔 5min 摇 1 次，30min 后将此液作测量另一根连接线用（溶液Ⅱ）。

(4) 把溶液Ⅰ和Ⅱ迅速转移到干燥的分液漏斗中，经半小时后待两层液体分层后，将两层液体分开。

(5) 用干燥洁净的移液管吸取溶液Ⅰ上层液 2mL，下层液 2mL，分别放于已称重的 25mL 有塞锥形瓶中，再称其质量，然后用酚酞作指示剂，用 0.5mol/L NaOH 溶液滴至终点。实验数据记录在表 4-12 中。

(6) 同法吸取溶液Ⅱ上、下层液各 2mL，重复步骤（5）称重滴定。实验数据记录在表 4-12 中。

五、数据记录及处理

（一）数据记录

表 4-12 原始数据记录表 2

溶液		W(溶液)/g	V(NaOH)/mL	$w(CH_3COOH)$/%
Ⅰ	上			
	下			
Ⅱ	上			
	下			

（二）数据处理

1. 互溶度曲线的绘制

根据各次所用的氯仿、醋酸和水的体积及三种液体的密度，算出各点各组分的质量分数，将有关数据列入表 4-11 中。

将表 4-11 中的数据在三角坐标纸上，画出各次的组成点，然后用曲线尺将这些点连接成一光滑的曲线，并标出曲线分割开的各相区的意义。

2. 连接线的绘制

（1）计算出两瓶中最后氯仿、醋酸和水的质量分数，并标在三角相图内。

（2）列表 4-12 算出两瓶中的各相醋酸的质量分数，将点标在溶解度曲线上，上层醋酸含量标在含氯仿较多的一边，下层醋酸含量标在含水较多的一边，连接这两点即为连接线。

六、思考题

（1）为保证得到良好的相图，实验中应注意哪些问题？

（2）用水滴定时如超过终点可采取什么措施？

实验九　强电解质极限摩尔电导率的测定

一、实验目的

（1）用电导率仪测定 KCl 溶液的摩尔电导率，并用做图外推法求其极限摩尔电导率。

（2）掌握电导率仪的使用。

二、实验原理

根据柯尔劳施离子独立运动定律，当溶液无限稀释时，离子彼此独立运动，不受其他离子的影响，每种离子对电解质的摩尔电导率在一定条件下都有一定贡献。因此，极限摩尔电导率是表征电解质及其离子导电性质的物理量，对它的测定在研究单个离子导电机理及特点等方面有着极重要的实际意义。

对于强电解质，在浓度较低（小于 0.01mol/L）时，其摩尔电导率 Λ 与浓度之间服从如下公式：

$$\Lambda = \Lambda_0 - A\sqrt{c} \tag{4-41}$$

式中　A——与溶剂、温度以及电解质种类有关但与浓度无关的常数；

Λ_0——无限稀释时的摩尔电导率，即极限摩尔电导率，$S \cdot m^2/mol$。

从实验测得溶液在一定浓度下的电导率，利用公式（4-42）计算出不同浓度下的摩尔电导率，用 Λ 对 $\sqrt{c}$ 做图可得一直线，其截距即为 Λ_0。

$$\Lambda = k/c \tag{4-42}$$

三、仪器与试剂

DDS-11D 型电导率仪，恒温槽，DDS-1C 型铂黑电极。

0.100mol/L KCl 溶液。

四、实验步骤

（1）用 0.100mol/L 的 KCl 溶液配制成 0.0500mol/L、0.0100mol/L、0.0050mol/L、0.0010mol/L、0.0005mol/L、0.0001mol/L 的 KCl 溶液。

（2）调节恒温槽的温度在（25.0±0.1）℃。

（3）按电导率仪使用说明书，调试好仪器，并对仪器进行校正。

（4）用新鲜电导水冲洗电极数次，然后测新鲜电导水的电导率。

（5）用被测溶液洗涤电极 3～4 次，然后依次测定被测溶液电导率，每份溶液测 3 次，测量前须在恒温槽中恒温 5~10min。实验数据记录在表 4-13 中。

五、数据记录及处理

（一）数据记录

表 4-13　溶液电导率记录表

浓度/mol · L^{-1}	0.0500	0.0100	0.0050	0.0010	0.0005	0.0001
k/S · m^{-1}						
Λ/S · m^2 · mol^{-1}						

（二）数据处理

（1）计算出各浓度下的摩尔电导率。

（2）以 Λ 对 $\sqrt{c}$ 做图，从截距求出 Λ_0，并与文献值进行比较。

六、思考题

（1）对电解质溶液，当浓度趋近于零时，其摩尔电导趋于极限摩尔电导，而溶液电导率则趋于纯水的电导率。此说法是否正确？为什么？

（2）为什么浓度越稀，摩尔电导越难准确测定？

七、附录

K^+及 Cl^-在不同温度下的极限摩尔电导率如表 4-14 所示。

表 4-14　K^+及 Cl^-在不同温度下的极限摩尔电导率　（S · m^2/mol）

t/℃	0	5	15	18	25	35	45	55	100
K^+	40.7×10^4	46.75×10^4	59.66×10^4	63.9×10^4	73.50×10^4	88.21×10^4	103.49×10^4	119.29×10^4	195×10^4
Cl^-	41.0×10^4	47.51×10^4	61.41×10^4	66.0×10^4	76.35×10^4	92.21×10^4	108.92×10^4	126.40×10^4	212×10^4

实验十　离子迁移数的测定

一、实验目的

（1）掌握希托夫法测定电解质溶液中离子迁移数的某本原理和操作方法。

（2）测定 $CuSO_4$溶液中 Cu^{2+}和 $SO_4{}^{2-}$的迁移数。

（3）掌握库仑计的使用。

二、实验原理

当电流通过电解质溶液时，溶液中的正负离子各自向阴、阳两极迁移，由于各种离子的迁移速度不同，各自所带过去的电量也必然不同。每种离子所迁移的电量与通过溶液的总电量之比，称为该离子在此溶液中的迁移数。若正、负离子迁移电量分别为 Q_+和 Q_-，通过溶液的总电量为 Q，则正负离子的迁移数分别为

$$t_+=\frac{Q_+}{Q} \qquad t_-=\frac{Q_-}{Q} \tag{4-43}$$

且

$$t_+ + t_- = 1 \tag{4-44}$$

离子迁移数与浓度、温度、溶剂的性质有关，增加某种离子的浓度则该离子传递电量的百分数增加，离子迁移数也相应增加；温度改变，离子迁移数也会发生变化，但温度升高正、负离子的迁移数差别较小；同一种离子在不同电解质中迁移数是不同的。

离子迁移数可以直接测定，方法有希托夫法、界面移动法和电动势法等。

希托夫法测定迁移数的原理是根据电解前后，两电极区内电解质溶液质量的变化来计算离子的迁移数。用希托夫法测定 $CuSO_4$溶液中 Cu^{2+}和 SO_4^{2-}的迁移数时，在溶液中间区浓度不变的条件下，分析通电前原溶液及通电后阳极区溶液的浓度，比较等质量溶剂所含 Cu^{2+}的量，可计算出通电后迁移出阳极区的 Cu^{2+}的量。通过溶液的总电量 Q 由串联在电路中的电量计测定，可算出 t_+和 t_-。实验装置见图 4-14。

在迁移管中，两电极均为 Cu 电极，其中放 $CuSO_4$溶液。通电时，溶液中的 Cu^{2+}在阴极上发生还原，而在阳极上金属铜溶解生成 Cu^{2+}。因此，通电时一方面阳极区有 Cu^{2+}迁移出，另一方面电极上 Cu 溶解生成 Cu^{2+}，因而有

$$n_{迁} = n_{原} + n_{电} - n_{后} \tag{4-45}$$

$$t_{Cu^{2+}} = \frac{n_{迁}}{n_{电}} = \frac{n_{原} + n_{电} - n_{后}}{n_{电}} \qquad t_{SO_4^{2-}} = 1 - t_{Cu^{2+}} \tag{4-46}$$

式中 $n_{迁}$——迁移出阳极区的电荷的量，mol；

$n_{原}$——通电前阳极区所含电荷的量，mol；

$n_{后}$——通电后阳极区所含 Cu^{2+} 的量，mol；

$n_{电}$——通电时阳极上 Cu 溶解（转变为 Cu^{2+}）的量，也等于铜电量计阴极上析出铜的量，mol。

可以看出希托夫法测定离子的迁移数至少包括两个假定：

（1）电的输送者只是电解质的离子，溶剂水不导电，这一点与实际情况接近。

（2）不考虑离子水化现象。

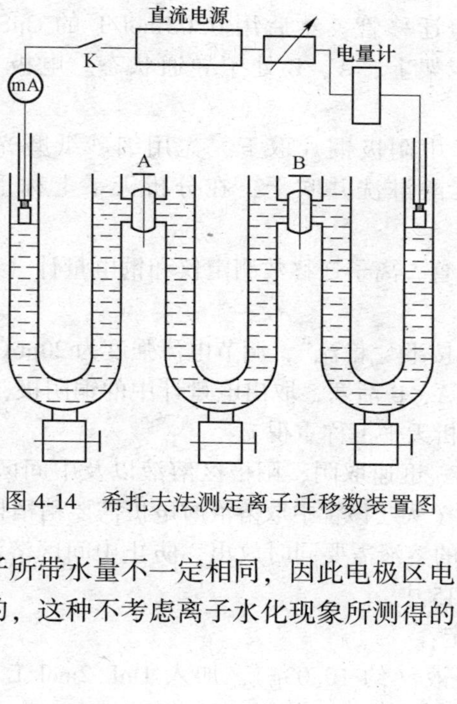

图 4-14　希托夫法测定离子迁移数装置图

实际上正、负离子所带水量不一定相同，因此电极区电解质浓度的改变，部分是由水迁移所引起的，这种不考虑离子水化现象所测得的迁移数称为希托夫迁移数。

三、仪器与试剂

迁移管，铜电极，离子迁移数测定仪，铜电量计，分析天平，台秤，碱式滴定管。

KI 溶液（10%），淀粉指示剂（0.5%），硫代硫酸钠溶液（0.12mol/L），$K_2Cr_2O_7$ 溶液（0.015mol/L），H_2SO_4（2mol/L），硫酸铜溶液（0.05mol/L），KSCN 溶液（10%），HCl（4mol/L）。

四、实验步骤

（1）$Na_2S_2O_3$溶液的滴定。准确移取 20mL 标准 $K_2Cr_2O_7$溶液［$c(1/6\ K_2Cr_2O_7)$ =

0.1000mol/L 或 0.0500mol/L］于 250mL 的碘量瓶中，加入 4mL 6mol/L 的 HCl 溶液，8mL 10%的 KI 溶液，摇匀后放在暗处 5min，待反应完全后，加入 80mL 蒸馏水，立即用待滴定的 $Na_2S_2O_3$ 溶液滴定至近终点，即溶液呈淡黄色，加入 0.5%的淀粉指示剂 1mL（大约 10 滴），继续用 $Na_2S_2O_3$ 溶液滴定至溶液呈现亮绿色为终点。

$$c(Na_2S_2O_3)=\frac{c(K_2Cr_2O_7)V(K_2Cr_2O_7)}{V(Na_2S_2O_3)}\times 6$$

（2）取 3 个碘量瓶，洗净，烘干，冷却，台秤称重（如用分析天平称则不能带盖称，防止加入溶液后称量时超出量程）。

（3）用水洗干净迁移管，然后用 0.05mol/L 的 $CuSO_4$ 溶液洗净迁移管，并安装到迁移管固定架上，A、B 处于导通状态。电极表面有氧化层用细砂纸打磨。

（4）将铜电量计中阴极铜片取下，先用细砂纸磨光，除去表面氧化层，用蒸馏水洗净，用乙醇淋洗并吹干，在分析天平上称重得 m_1，再装入电量计中。

（5）连接好迁移管、离子迁移数测定仪和铜电量计（注意铜电量计中的阴、阳极切勿接错）。

（6）接通电源，按下“稳流”，调节电流强度为 20mA，连续通电 90min。关闭电源，并立即关闭 A、B 活塞，取出电量计中的铜阴极，用蒸馏水洗净，用乙醇淋洗并吹干，在分析天平上称重得 m_2。

（7）停止通电后，迅速取阴、阳极区溶液以及中间区溶液放入已称重的碘量瓶并称重，并滴定（从迁移管中取溶液时电极需要稍稍打开，尽量不要搅动溶液，阴极区和阳极区的溶液需要同时放出，防止中间区溶液的浓度改变）。所有实验数据记录在表 4-15 中。

$CuSO_4$溶液的滴定：

每 10mL$CuSO_4$ 溶液（约 10.03g），加入 1mL 2mol/L 的 H_2SO_4 溶液，加入 3mL 10%的 KI 溶液，塞好瓶盖，振荡，置暗处 5~10min，以 $Na_2S_2O_3$ 标准溶液滴定至溶液呈淡黄色，然后加入 1mL 淀粉指示剂（指示剂不用加倍），继续滴定至浅蓝色，再加入 2.5mL 10%的 KSCN 溶液，充分摇匀（蓝色加深），继续滴定至蓝色恰好消失（呈砖红色）为终点。

五、数据记录及处理

（一）数据记录

室温：__________；$Na_2S_2O_3$浓度：__________；$K_2Cr_2O_7$溶液浓度：__________；通电前阴极铜片质量 m_1：__________；通电后阴极铜片质量 m_2：__________。

表 4-15 原始数据记录表

区 域	阴极区溶液	中间区溶液	阳极区溶液
质量/g			
消耗 $Na_2S_2O_3$ 体积/mL			

（二）数据处理

（1）从中间区分析结果得到每克水中所含硫酸铜的质量

硫酸铜的质量=滴定中间区的体积×硫代硫酸钠的浓度×159.6/1000

水的质量=溶液的质量-硫酸铜的质量

由于中间区溶液的浓度在通电前后保持不变，因此，该值为原硫酸铜溶液的浓度，通过计算该值可以得到通电前后阴极区和阳极区硫酸铜溶液中所含硫酸铜的质量。

（2）通过阳极区溶液的滴定结果，得到通电后阳极区溶液中所含的硫酸铜的质量，并得到阳极区所含的水量，从而求出通电前阳极区溶液中所含硫酸铜的质量，最后得到 $n_{后}$ 和 $n_{前}$。

（3）由电量计中阴极铜片的增量，算出通入的总电量，即

$$铜片的增量/铜的原子量=n_{电}$$

（4）代入公式（4-46）计算离子的迁移数。

（5）计算阴极区离子的迁移数，与阳极区的计算结果进行比较分析。

六、思考题

（1）通过电量计阴极的电流密度为什么不能太大？

（2）通电前后中部区溶液的浓度改变，须重做实验，为什么？

（3）0.1mol/L KCl 和 0.1mol/L NaCl 中的 Cl^- 迁移数是否相同？

（4）如以阳极区电解质溶液的浓度计算 t（Cu^{2+}），应如何进行？

七、注意事项

（1）实验中的铜电极必须是纯度为 99.999%的电解铜。

（2）实验过程中能引起溶液扩散、搅动等因素必须避免。电极阴、阳极的位置能对调，迁移数管及电极不能有气泡，两极上的电流密度不能太大。

（3）本实验中各部分的划分应正确，不能将阳极区与阴极区的溶液错划入中部，这样会引起实验误差。

（4）本实验由铜库仑计的增重计算电量，因此称量及前处理都很重要，需仔细进行。

实验十一 原电池电动势的测定

一、实验目的

（1）掌握用电位差计测定电池电动势的原理和方法。

（2）掌握电位差计的使用。

（3）了解电动势法测定溶液 pH 值的方法。

二、实验原理

电池的电动势不应直接用伏特计来测量，而是用补偿法来测量。本实验用 UJ31 型低电势直流电位差计测定电池的电动势。

（一）测量原理

电位差计是采用补偿法测量原理设计的一种平衡式电压测量仪器，其原理如图 4-15 所示。

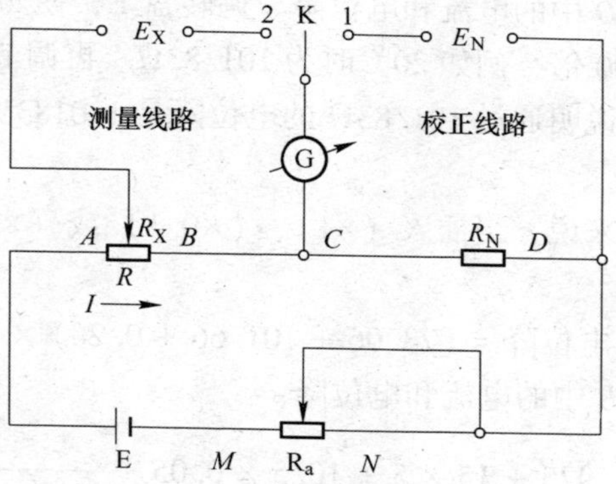

图 4-15 补偿法测量原理

E_N—标准电池的电动势；E_X—被测电动势；E—工作电源；R_N—标准电阻；R—调节电阻；R_a—变阻器；G—检流计；I—工作电流；K—转换开关

按图 4-15 测量被测电动势 E_X 的方法如下：

将转换开关 K 合在“1”的位置上，然后调节变阻器，使检流计 G 指示到零位，这时应有等式：

$$E_N = IR_N \tag{4-47}$$

由式（4-47）得：

$$I = \frac{E_N}{R_N} \tag{4-48}$$

将转换开关 K 合在“2”的位置上，同时移动调节电阻 R 上的活动触点，再次使检流计指示到零位，这时触点在调节电阻 R 的某一数值上，就可准确地读出被测电动势 E_X 的数值来，此时应有等式：

$$E_X = IR \tag{4-49}$$

这里的 I 就是原来调整好的工作电流，因此将式（4-48）代入式（4-49）可得：

$$E_X = \frac{R}{R_N} \times E_N \tag{4-50}$$

从测量原理可知，直流电位差计测量的结果取决于配用的检流计灵敏度、电阻的准确度和标准电池的电动势的准确度。

（二）UJ31 型电位差计

这种电位差计的特点是采用了并联线路，例如，校正线路与测量线路是并联的。第 2 转盘与第 1 转盘的两个挡共 10Ω 并联。下面讨论当指针插入（×1）孔时，校正线路和测量线路通过的电流和电位降，以及电位差计的操作方法。

（1）校正线路 CD 中的电流和电位降。调转盘 E，使 MN 间的电阻为室温下标准电池电动势的 100 倍，例如 20℃时为 101.83Ω。再调节粗、中、细电阻至检流计无电流通过，这说明通过 101.83Ω 的电位降是 1.0183V，因而通过电阻的电流为 0.01A。

对于各并联电路来说，当插入（×1）、（×0.1）或（×0.01）孔中可得下列电位降：

CD 电位降 = AB 电位降 = (78.06 + 101.66 + 0.28) × 0.01 = 1.8V

（2）测量线路 AB 中的电流和电位降：

$$AB\text{ 段总电阻} = 4.975 + 15 \times 5 + 10.5 \times 0.05 + \frac{1}{\dfrac{1}{2 \times 5} + \dfrac{1}{10 \times 10 + 90}} = 90\text{V}$$

通过 1、3 盘电流：$\dfrac{1.8}{90} = 0.02\text{A}$

1 盘每挡电位降：0.02×5 = 0.1V

总电位降：0.1×15 = 1.5V

3 盘每挡电位降：0.02×0.05 = 0.001V

总电位降：0.001×10.5 = 0.0105V

通过 2 盘电流：$0.02 \times \dfrac{2 \times 5}{2 \times 5 + 10 \times 10 + 90} = 0.001\text{A}$

2 盘每挡电位降：0.001×10=0.01V

总电位降：0.01×10=0.1V

因此电流计总电位降：1.5+0.1+0.0105=1.6105V。

用相同的方法可以计算出当插头插入（×0.1）孔中时，工作电流减小 10 倍，相应各挡电位降亦降低 10 倍；当插入（×0.01）孔中时，工作电流再减小 10 倍，相应各挡电位降亦再降低 10 倍。

在上述计算中采用了并联电路计算公式，例如：

$$\text{并联电阻} = \frac{1}{\dfrac{1}{R_1} + \dfrac{1}{R_2}}$$

$$\text{并联分流}\ I_1 = I_{\text{总}} \frac{R_2}{R_1 + R_2}$$

（3）UJ31 型电位计的操作步骤。按照电位计上标明的线柱接好线路，注意极性不要接错。使旋钮 E 调至室温下所相当的标准电池电动势值，开关倒向标准，轻按按钮粗，观察检流计指针偏转，调节电阻“粗”“中”至指针接近于零，再调节电阻“细”，轻按按钮细至指针指零。过程中如指针偏转厉害，振荡不已，可按短路按钮零，使指针很快停下。

然后将开关倒向未知，顺次调节转盘 1、2，这时使用按钮粗，最后调转盘 3，使用按钮细，至检流计指零，这时电位计上的读数即为未知电池电动势。对较小电动势的测量可改用插孔（×0.1）（×0.01），这时测得的实际电动势应是电位计上的读数乘 0.1 或 0.01。

（4）标准电池。实验室常用的是韦斯顿饱和标准电池，其在 20℃ 时的电动势为 1.0183V，在其他温度可按下式计算电动势：

$$E_t = 1.0183 - 0.0000406(t - 20)$$

使用标准电池时应注意：

1）避免振动和倒置；

2）通过电池的电流不能大于 0.0001A，绝对避免短路和长期与外电路接通；

3）使用温度不超过 40℃ 和低于 4℃，也不宜骤然改变温度；

4）每隔 1~2 年检查一次电池电动势。

（5）检流计。低电势直流电位差计一般用于测定内电阻较小的电动势和电位差。设未知电池的内阻为 100Ω，则通过此内阻产生 0.0001V 的电位降时所流过的电流为 $0.0001/100=10^{-6}$A，只要检流计灵敏度达 10^{-6}A/mm，就能检出这个电流，因此用这种灵敏度的指针检流计就可使测量精度达±0.0001V。但如电池内阻为 10000Ω，则产生 0.0001V 电位降，相应流过的电流为 $0.0001/10^4 = 10^{-8}$ A，这时就需换用灵敏度为 10^{-8} A/mm 的光点反射式检流计。当用玻璃电极时，

其内阻达 $5\times10^{8}\Omega$，即使要求测量精度降低为 0.001V，则对检流计就要求能检出 $0.001/5\times10^{8}=2\times10^{-12}$A 的电流，这时只好使用电子管式 pH 计了。

检流计上通常标有临界电阻 $R_{临}$ 值，它是指包括检流计内阻在内的测量回路较适合的总电阻 $R_{回}$。当回流总电阻与临界电阻值相近时，检流计光点能较快达到新的平衡位置。若 $R_{回}<<R_{临}$，则光点移动缓慢；$R_{回}>>R_{临}$，则光点振荡不已，读数困难。因此选用检流计时除应考虑灵敏度外，还必须根据测量回路电阻选择检流计的临界电阻。例如用于低阻直流电位差计、低阻电桥的检零，测量热电偶的微小热电势，应选用低临界电阻的检流计。反之，用于高阻直流电位差计、高阻电桥的检零，内阻很高的光电池电流，则应选用临界电阻高的检流计。

使用检流计时应注意：

1）当测量电路未完全补偿时，应使用串有高电阻的按钮。

2）未补偿时按钮接触应短促。

3）指针或光点振荡不止时，使用短路开关使之停于零点。

4）指针检流计在使用前须将指针锁打开，用毕锁上；对光点反射检流计，在停止使用时将两线柱短路，以防止线圈振荡。

本实验待测的三种电池是：

Ⅰ号　Hg(l) | Hg_2Cl_2(s) | KCl(饱和) ‖ $AgNO_3$(0.01mol/L) | Ag(s)

Ⅱ号　Ag | AgCl(s) | KCl(0.1mol/L) ‖ $AgNO_3$(0.01mol/L) | Ag(s)

Ⅲ号　Hg(l) | Hg_2Cl_2(s) | KCl(饱和) ‖ H^+(0.2mol/L HAc + 0.2mol/L NaAc) | Q · H_2Q | Pt

三、仪器与试剂

电位差计全套，甘汞电极、银-氯化银电极、铂电极、银电极。

KNO_3盐桥；0.01mol/L 的 $AgNO_3$，0.1mol/L 的 KCl，饱和 KCl 溶液，氢醌固体粉末，0.2mol/L 的 HAc，0.2mol/L 的 NaAc，未知溶液。

四、实验步骤

（1）按室温计算标准电池电动势。

（2）甘汞电极插入装有饱和 KCl 溶液的广口瓶中。另取一广口瓶洗干净后用数毫升 0.01mol/L 的 $AgNO_3$溶液连同银电极一起淌洗，然后装 0.01mol/L 的 $AgNO_3$约 2/3，插入银电极，用 KNO_3盐桥与甘汞电极连接成电池，电池与电位计连接时应注意电极的极性。

（3）将电位计上的数值调整到电动势的计算值附近后，再进行精密测定，测定完毕Ⅰ号电池的溶液不要倒掉。实验数据记录在表 4-16 中。

（4）用浸在 0.1mol/L 的 KCl 溶液中的银-氯化银电极代替甘汞电极作为参考

电极，用它与银电极连接成Ⅱ号电池，这时如果用Ⅰ号电池用过的盐桥，须用洗瓶将浸入饱和 KCl 溶液的一端淋洗，同时注意此端不浸入 $AgNO_3$溶液中，再按上法测定其电动势。实验数据记录在表 4-16 中。

（5）吸取 10mL 0.2mol/L 的 HAc 及 10mL 0.2mol/L 的 NaAc 于干净的广口瓶中，再于其中加入少量氢醌粉末，摇动使之溶解，但仍保持溶液中少量固体，然后插入光亮铂电极，架上盐桥于甘汞电极组成电池，测其电动势。最后按相同的方法测未知溶液的 pH 值。实验数据记录在表 4-17 中。

（6）测定完毕后，保留饱和 KCl 溶液及银-氯化银电极溶液，倒去硝酸银及醋酸溶液。洗净广口瓶，装入蒸馏水，将铂电极和银电极插入其中。盐桥两端淋洗后，浸入硝酸钾溶液中保存。

五、数据记录及处理

（一）数据记录

室温：________；气压：________。

表 4-16 电池电动势测量记录表

电池	电池反应	电动势/V	
		计算值	测量值
Ⅰ号			
Ⅱ号			

表 4-17 溶液 pH 值测量记录表

溶液名称	电动势/V		pH 值	
	计算值	测量值	计算值	测量值
醋酸缓冲溶液				
未知溶液				

（二）数据处理

（1）按室温计算电池的电动势，并与测量值进行比较。

（2）计算缓冲溶液 pH 值和未知溶液 pH 值。

六、思考题

（1）补偿法测电动势的基本原理是什么？为什么用伏特计不能准确测定电池电动势？

(2) 盐桥有什么作用？应选择什么样的电解质作盐桥？

(3) 如果电池的极性接反了会有什么后果？工作电池、标准电池和未知电池中任一个没有接通会有什么后果？

七、附录

(一) 电解质的平均活度系数 $\gamma_{\pm}$

不同电解质溶液的平均活度系数见表4-18。

表 4-18 不同电解质溶液的平均活度系数

电解质溶液	0.01mol/kg $AgNO_3$	0.1mol/kg KCl	0.1mol/kg NaAc
$\gamma_{\pm}$	0.90	0.77	0.79

对1-1型电解质的稀溶液来说，质量摩尔浓度与物质的量的浓度接近，故两者的活度系数可认为近似相等。

(二) 电极电位与温度的关系

(1) 饱和甘汞电极：$E(\text{甘汞}) = 0.2415 - 0.00065(t - 25)$；

(2) 银-氯化银电极：$E(\text{银} - \text{氯化银}) = 0.224 - 0.000645(t - 25)$；

(3) 醌氢醌电极：$E(Q/H_2Q) = 0.6994 - 0.00074(t - 25)$；

(4) 银电极：$E(Ag^+/Ag) = 0.799 - 0.00097(t - 25)$。

实验十二　表面张力的测定

一、实验目的

(1) 掌握最大气泡法测定表面张力的原理和方法。

(2) 用鼓泡法测定正丁醇水溶液的表面张力，并根据 Gibbs 吸附等温式计算表面吸附量。

(3) 了解表面吸附的性质及表面张力的关系。

二、实验原理

在定温定压下纯溶剂的表面张力是定值。当于其中加入能降低溶剂表面张力的溶质（称表面活性物质）时，则根据能量最低原则，表面层中溶质的浓度比溶液内部大。反之，溶质能使溶剂表面张力升高时，则它在表面层中的浓度比溶液内部浓度低，这种现象称为表面吸附。Gibbs 用热力学方法导出溶液浓度、表面张力和吸附量之间的关系，通常称为 Gibbs 吸附等温式：

$$\Gamma = \frac{-c}{RT}\left(\frac{d\sigma}{dc}\right)_T \tag{4-51}$$

式中 Γ——吸附量，mol/m^2；

σ——表面张力，N/m；

c——溶液浓度，mol/m^3；

T——绝对温度，K；

R——摩尔气体常数，为 8.314J/(mol · K)。

当 $d\sigma/dc<0$ 时，$\Gamma>0$ 称正吸附；$d\sigma/dc>0$ 时，$\Gamma<0$ 称负吸附。

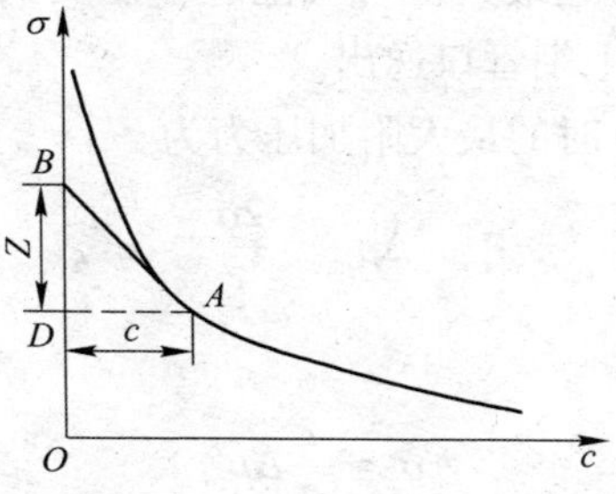

图 4-16　表面张力与浓度的关系

为了求得表面吸附量，需先做出 $\sigma=f(c)$ 的等温曲线，如图 4-16 所示，然后在曲线上取相应浓度的点 A，通过 A 做曲线的切线和平行横轴的直线，分别交纵轴于 B、D。令 $BD=Z$，则 $Z=-c(\mathrm{d}\sigma/\mathrm{d}c)_T$，结合式（4-51）得 $\Gamma=Z/RT$。取曲线上不同的点，就可得出不同的 Γ 值，从而可做出吸附等温线 $\Gamma=f(c)$，即以不同浓度对应其 Γ 做出曲线。

本实验用鼓泡法测定表面张力，如图 4-17 所示。其原理如下。

从浸入液面下的毛细管端鼓出空气泡时，需要一定的附加压力以克服气泡的表面张力，此附加压力 $\Delta p=p_0-p_{测}$。此附加压力与表面张力成正比，与气泡的曲率半径成反比，其关系式为

$$\Delta p=\frac{2\sigma}{R} \tag{4-52}$$

式中 Δp——附加压力，Pa；

σ——表面张力，N/m；

R——气泡曲率半径，m。

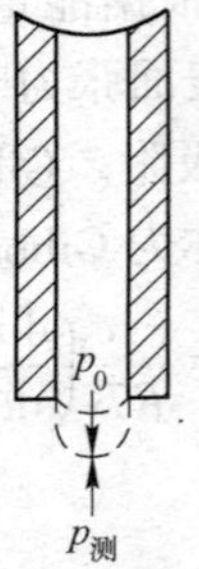

图 4-17　最大气泡示意图

如果毛细管半径很小，则形成的气泡基本上是球形的。当气泡开始形成时，表面几乎是平的，这时曲率半径最大；随着气泡的形成，曲率半径逐渐变小，直到形成半球形，这时曲率半径 R 与毛细管半径 r 相等，曲率半径达最小值，根据式（4-52），这时附加压力达最大值。气泡进一步变大，曲率半径 R 变大，附加压力则变小，直到气泡从毛细管口逸出。

按照式（4-52），$R=r$ 时的最大附加压力为

$$\Delta p_{\mathrm{m}}=\frac{2\sigma}{r}$$

或

$$\sigma=\frac{r}{2}\Delta p_{\mathrm{m}} \tag{4-53}$$

实际测量时，使毛细管端刚与液面接触，则可忽略鼓泡所需克服的静压力，这样就可直接用式（4-53）进行计算。

毛细管半径 r 可用已知表面张力的标准物质测得。

三、仪器与试剂

表面张力测量装置，精密数值压力计，碱式滴定管。
分析纯正丁醇。

四、实验步骤

（1）鼓泡法装置如图 4-18 所示。鼓泡毛细管也可用内径为 1mm 左右的毛细玻璃管（用灯焰上拉成），要求尖端直径为 0.2～0.3mm，并用细砂纸把尖端磨平。实验前将毛细管和容器用铬酸混合液洗净。然后用水作标准物质，测定毛细管半径 r 值。在没有插入毛细管时，设定大气压 p_0 为 0，则 $\Delta p=-p_{测}$。在试管中装入适量的蒸馏水，使毛细管端刚好与液面接触，按图 4-18 接好全部仪器，缓缓打开放水旋塞，使气泡从毛细管端尽可能缓慢地鼓出，同时注意读取压力计的最小测量值 $p_{测}$。读取 10 次数，计算平均值 Δp。

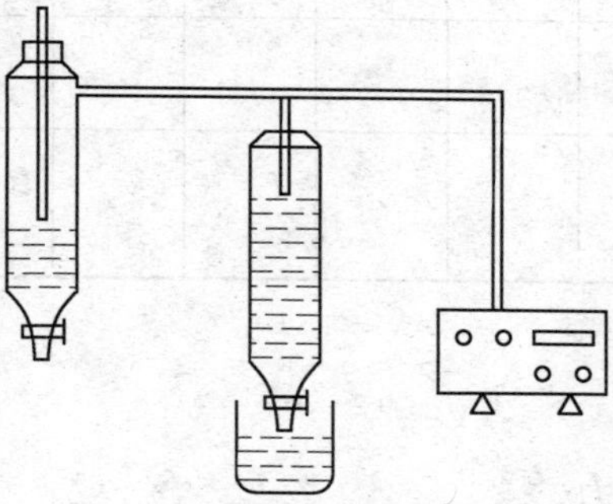

图 4-18　鼓泡法装置图

（2）配制 0.50mol/L 的正丁醇溶液 250mL，根据正丁醇的摩尔质量和室温下的密度计算所需正丁醇的体积。先在 250mL 容量瓶中装好约 2/3 的蒸馏水，然后用 10mL 移液管及 2mL 刻度移液管吸取所需正丁醇体积放入容量瓶中，加水至刻度并混匀后，装入 50mL 碱式滴定管中，再用这一浓溶液配制下列浓度的稀溶液各 50mL：0.02mol/L，0.04mol/L，0.06mol/L，0.08mol/L，0.10mol/L，0.12mol/L，0.16mol/L，0.20mol/L，0.24mol/L。

（3）将已配好的正丁醇溶液，从稀到浓按上法依次测定其表面张力。实验数据记录在表 4-19 中。每次更换溶液时不必烘干试管及毛细管，只需用少量待测溶液润洗 3 次即可。

（4）实验完后用蒸馏水洗净仪器，试管中装好蒸馏水，并将毛细管浸入水中保存。

五、数据记录与处理图

（一）数据记录

室温：________；气压：________；实验温度：________。

水的 Δp_m：第一次________；第二次________；第三次________；平均值________。

表 4-19 不同浓度压力数据记录表

c/mol·L^{-1}	0.02	0.04	0.06	0.08	0.10	0.12	0.16	0.20	0.24
Δp_m第一次/Pa									
Δp_m第二次/Pa									
Δp_m第三次/Pa									
Δp_m平均值/Pa									
正丁醇的表面张力 σ/N·m^{-1}									

（二）数据处理

（1）计算毛细管半径。

（2）计算各溶液的表面张力。

（3）做表面张力-浓度图，曲线要求光滑。用镜像法在平滑曲线的整个浓度范围内取 10 个点左右做切线，求得相应的 Z 值。

（4）计算出 Γ 后，做出吸附等温线，即 Γ-c 图。

六、思考题

（1）为什么保持仪器和药品的清洁是本实验的关键？

（2）为什么毛细管尖端应平整光滑，安装时要垂直并刚好接触液面？

（3）可以不用抽气而用压气鼓泡吗？

实验十三　蔗糖水解反应速度常数的测定

一、实验目的

（1）用旋光法测定蔗糖在酸性介质中水解的速度常数。

（2）了解旋光仪的基本原理和构造，掌握其使用方法。

二、实验原理

蔗糖溶液在 H^+的催化下可水解生成葡萄糖和果糖，反应如下：

$$\underset{\text{蔗糖}}{C_{12}H_{22}O_{11}} + H_2O \longrightarrow \underset{\text{葡萄糖}}{C_6H_{12}O_6} + \underset{\text{果糖}}{C_6H_{12}O_6}$$

水解反应中，水是大量的，反应达终点时，虽有部分水分子参加反应，但与溶质浓度相比可认为它的浓度没有改变，因此蔗糖水解反应可视为一级反应，其速率方程为

$$-\frac{dc}{dt} = kc \tag{4-54}$$

积分式为

$$\lg\frac{c_0}{c} = \frac{k}{2.303} \times t \tag{4-55}$$

式中　c_0——反应开始时蔗糖的浓度，g/L；

　　　c——反应 t 时蔗糖的浓度，g/L。

c_0已知，若测得不同时刻蔗糖的浓度 c，则可由 $\lg\frac{c_0}{c} - t$ 图的斜率，求得速度常数 k，k 的计算公式如下：

$$k = \text{斜率} \times 2.303 \tag{4-56}$$

蔗糖及其水解产物葡萄糖和果糖都含有不对称的原子，都具有旋光性，但它们的旋光能力不同，因此可利用体系在反应过程中旋光度的改变来量度反应的进程。溶液的旋光度与溶液中所含旋光物质的种类、浓度、液层厚度、光源及温度等因素有关。

为了比较各种物质的旋光能力，引入比旋光度［α］这一概念并以下式表示：

$$[\alpha]_D^t = \frac{\alpha}{lc} \tag{4-57}$$

式中　t——实验时的温度，℃；

D——所用光源的波长，nm；

α——旋光度；

l——液层厚度，cm；

c——浓度，mol/L。

式（4-57）可写成：

$$[\alpha]_D^t = \frac{\alpha}{lm/100} \tag{4-58}$$

由式（4-58）可看出，当其他条件不变时，旋光度 α 与反应物浓度成正比，即

$$\alpha = Kc \tag{4-59}$$

式中，K 是与物质的旋光能力、液层厚度、溶剂性质、光源的波长、反应时的温度等有关系的常数。

蔗糖是右旋性物质（$[\alpha]_D^{20}=66.6°$），葡萄糖是右旋性物质（$[\alpha]_D^{20}=52.5°$），果糖是左旋性物质（$[\alpha]_D^{20}=-91.9°$）。由于水解是能进行到底的，并且果糖的左旋性远大于葡萄糖的右旋性，因此当水解反应进行时，将逐渐从右旋经零变为左旋。

旋光度与浓度成正比，且溶液的旋光度为各组成旋光度之和，设反应时间为 0，t，∞ 时溶液的旋光度各为 α_0，α_t，α_∞，则

$$c_0 = K(\alpha_0 - \alpha_\infty) \tag{4-60}$$

$$c = K(\alpha_t - \alpha_\infty) \tag{4-61}$$

将式（4-60）、式（4-61）代入式（4-55）中可得

$$k = \frac{2.303}{t}\lg\frac{\alpha_0 - \alpha_\infty}{\alpha_t - \alpha_\infty} \tag{4-62}$$

由式（4-62）可知，通过做 $\lg(\alpha_t - \alpha_\infty) - t$ 图，从所得直线的斜率即可求出 k。

三、仪器与试剂

旋光仪，恒温水浴。

3mol/L 盐酸溶液，分析纯蔗糖。

四、实验步骤

（1）旋光仪零点校正。将充满蒸馏水的旋光管置于旋光仪中，打开光源调整目镜焦距至视野清晰，旋转检偏镜至视野中出现明暗相间的三等分，再调节检偏镜使三分视界的暗度相同为止，记下刻度盘读数。再重复二次，取其平均值记作旋光仪的零点。

（2）配制蔗糖溶液。称取 20g 蔗糖溶于蒸馏水中用 100mL 容量瓶配制成溶液。

（3）蔗糖水解过程中的 α_t 测定。用移液管移取 25mL 蔗糖溶液和 50mL 3mol/L 盐酸溶液分别注入两个 100mL 锥形瓶中，并将这两个锥形瓶同时置于 25℃ 恒温槽中恒温 10~15min。恒温后，取 25mL 3mol/L 盐酸溶液加入蔗糖溶液的锥形瓶中混合，在加入一半时开始计时，加完振荡均匀后，迅速取少量混合液清洗旋光管后立即装满旋光管，置于旋光仪中记下旋光度数值。第一次测定后，分别在反应至 4min、6min、8min、10min、15min、20min、30min、40min、60min、80min、…各测 1 次，直至反应体系的旋光性从右旋变为左旋，记下各次的旋光值（先读时间再读旋光值）。实验数据记录在表 4-20 中。

（4）测定 α_∞。测完 α_t 后的溶液放置 48h 或将此液和剩的溶液在 60℃ 左右的恒温水浴中加热约 30min 后测定（冷却至室温），测出的 α 作为 α_∞（注意防止温度过高溶液变质）。

（5）注意。测定中，间隔时间长应关闭光源，测前 2min 打开，以免因长期使用过热而损坏。实验结束时应立即将旋光管洗净防止酸腐蚀。

五、数据记录及处理

（一）数据记录

实验温度：________；仪器零点：________；α_0：________；α_∞：________。

表 4-20　旋光度-时间记录表

时间 t/min									
α_t									
α_t-α_∞									
lg(α_t-α_∞)									

（二）数据处理

（1）做 $\lg(\alpha_t-\alpha_\infty)-t$ 图。

（2）根据所得直线的斜率计算反应速率常数 k。

六、思考题

（1）为什么配蔗糖溶液可用台天平称量？

（2）本实验是否一定需要校正旋光仪的零点？

（3）迅速测定 α_0 的意义是什么？随着反应的进行为什么要延长测定的时间间隔？

实验十四　沉降分析

一、实验目的

（1）用沉降分析法测定 $CaCO_3$ 粉末颗粒半径大小的分布。

（2）掌握测定原理和扭力天平的使用方法。

二、实验原理

粒子在气体或液体介质中将受到重力作用而下沉。利用物质颗粒在介质中的沉降速率来测定物质的分散度，称为沉降分析法。

设粒子是球形的，则所受的下沉力（重力和浮力的合力）为

$$F_1 = \frac{4}{3}\pi r^3(\rho - \rho_0)g \tag{4-63}$$

式中 r——粒子半径，m；

ρ——粒子的密度，kg/m^3；

ρ_0——介质的密度，kg/m^3；

g——重力加速度，m/s^2。

粒子在下降过程中还同时受到介质的黏滞阻力，根据斯托克斯定律，该力大小为

$$F_2 = 6\pi\mu ru \tag{4-64}$$

式中 μ——介质的黏度，Pa · s；

u——粒子下沉速度，m/s。

当 F_1 和 F_2 相等时，粒子将等速下沉，此时有

$$6\pi\eta ru = \frac{4}{3}\pi r^3(\rho - \rho_0)g$$

$$r = \frac{3}{\sqrt{2}}\sqrt{\frac{\mu u}{(\rho - \rho_0)g}} = k\sqrt{u} \tag{4-65}$$

由上式可见，当介质黏度、密度及粒子的密度为已知时，测得粒子的沉降速度后，就可计算出相应的粒子半径。

分散体系总是由大小不同的粒子组成，为了得到分散体系的全部特征，常须测定大小不同的粒子的相对含量，即做出它们的分布曲线，这种分布曲线可由沉降曲线的图解处理求得。

沉降曲线是沉降量（如质量）对时间的关系曲线，以函数 $G=f(t)$ 表示，式中 G 是从实验开始经过时间 t 后所沉降的质量。

如果以扭力天平测出在时间 t 内从介质沉降到平盘上的粒子质量 G，以 G 对 t 做图即可得到图 4-19 所示的沉降曲线。

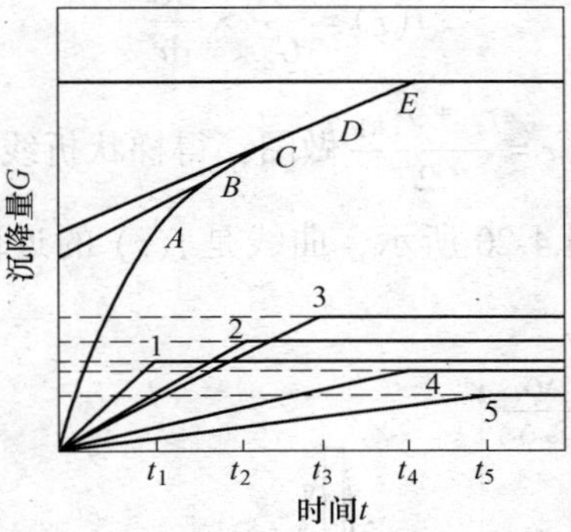

图 4-19　沉降曲线

设有 5 种大小不同的粒子，每种粒子单独沉降所得的曲线如图 4-19 中的曲线 1~5 所示。以曲线 3 为例，在到达时间 t_3 之前，粒子将均匀沉降。到 t_3 则所有粒子均沉降完毕，平盘质量保持 G_3 不变。t_3 是使所有在高度 h 内的粒子都完全沉降所需要的时间，由此即可算出此种粒子的沉降速度：

$$u_3 = \frac{h}{t_3} \tag{4-66}$$

将 u_3 代入式（4-65）即可求得此种粒子的半径 r_3。

当 $t < t_3$ 时，沉降曲线方程式是：

$$G = m_3 t$$

式中，m_3 是直线的斜率。

当 $t > t_3$ 时，沉降曲线方程式是：

$$G = G_3$$

如果样品中同时存在 5 种粒子，则变为图 4-19 中上面一条沉降曲线。在任何时间曲线上的某一个点的沉降量，就相当于同时间 5 条曲线上相应点的沉降量之和。以线段 BC 为例，此线段上的任一点的沉降量是：

$$G = (m_3 + m_4 + m_5)t + G_1 + G_2 \tag{4-67}$$

线段 BC 与 t_2、t_3 间的沉降曲线相切，由式（4-67）的直线方程可知，其延长线与纵轴的交点即为沉降量，这就是在时间 t_2 已完全沉降的粒子量。线段 CD 的延长线与纵轴的交点代表 $G_1+G_2+G_3$。这两个交点之差就等于 G_3，即相当于半径为 r_3 的粒子量。

实际上粒子的分散度是很高的，其沉降曲线应是平滑的曲线。由上述分析很容易推广到这种情况。

为了做出粒子大小的分布曲线，需要求得分布函数 $f(r)$，用来表明半径 r 到 $r + \mathrm{d}r$ 之间的粒子质量占总质量 G_∞ 的分数。

$$f(r) = \frac{1}{G_\infty} \times \frac{\mathrm{d}G}{\mathrm{d}r} \tag{4-68}$$

以 $\frac{\Delta G_i}{G_\infty \Delta r_i}$ 对平均半径 $r = \frac{r_i + r_{i+1}}{2}$ 做图，得梯状折线。根据折线形状可做出一条光滑的分布曲线，如图 4-20 所示，曲线是 $f(r)$ 的近似图形，所取点越多，近似程度越高。

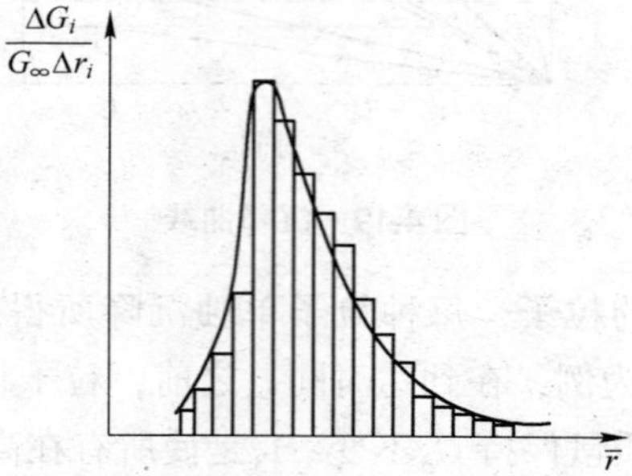

图 4-20　粒度分布曲线

G_∞ 是沉降完毕后平盘上粒子的总质量。但由于细小粒子沉降很慢，需很长时间才能完成，故通常用做图外推法求 G_∞。

对沉降分析最大的干扰是液体的对流（机械原因和热原因引起）和粒子的聚结。保持体系温度恒定可以减少热对流。添加适当的分散剂（多为表面活性物质）可防止粒子聚结。分散剂的类型和量必须经过实验，添加量一般不超过 0.1%，以免影响体系的性质。用于沉降分析的液体介质不应与粒子反应或使粒子溶解，其黏度和密度应与粒子密度结合起来考虑，使有一定的沉降速度。

沉降分析只适于颗粒大小 1~50μm 的范围。固体浓度不宜大于 1%，以保证粒子自由沉降。实际粒子往往并非球形，故测得的只能称为粒子的相当半径。

三、仪器与试剂

JN-A-500 型扭力天平（0~500mg），玻璃沉降筒及恒温水夹套，停表，小平盘，搅拌器。

碳酸钙试剂粉末，5%焦磷酸钠溶液。

四、实验步骤

（1）为使 JN-A 型扭力天平适于作沉降分析用，需将原称量盒向上移动一定高度，盒底开槽，让平盘悬线通过。把盘底上的固定螺钉取掉一颗，使底座相对于天平转动一角度，才能使沉降筒处于平盘吊钩下方，保持沉降筒有足够高度，如图 4-21 所示。

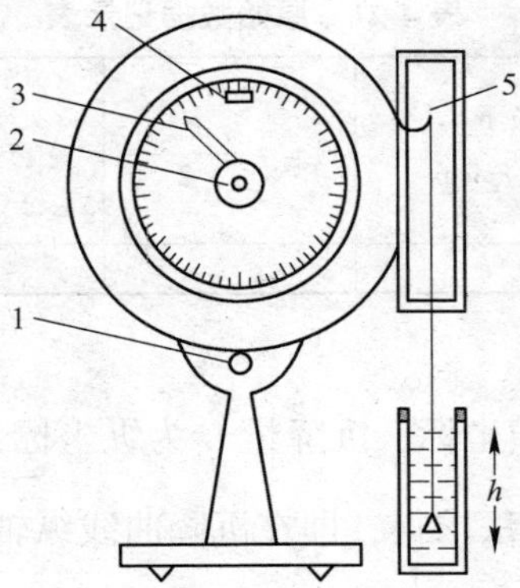

图 4-21 扭力天平

调好天平的水平，打开开关 1，调整转盘 2，当天平达平衡时，平衡指针 4 应与量零线重合，指针 3 的读数即为所称的质量。

（2）沉降玻璃筒直径约为 55mm，高度约为 200mm，水夹套直径约为 100mm。平盘直径约为 35mm，平盘边缘距筒壁不应小于 10mm。平盘用铝箔做成，用细镍铬丝做悬线，镍铬丝可在灯焰上烧红拉直。

沉降筒中装好经煮沸冷却后的蒸馏水 300mL，5%$Na_4P_2O_7$ 6mL，将平盘挂在天平臂 5 上，悬于沉降筒正中，平盘距沉降筒底约 20mm。打开开关 1，转动 2，使指针 3 指零，打开 2 的调零盖，用螺丝刀转动调零螺钉，使平衡指针 4 与零线重合，同时从贴于沉降筒壁的标尺上读出平衡时平盘至水面的高度 h。然后取出平盘，记下水温。

（3）在台秤上称取约 1.5g 碳酸钙粉末，放在小表面皿上。将沉降筒中的水倒回量筒中，取少量水滴在表面皿上，用牛角匙仔细将聚集的粗粒碾散。然后用量筒中的水将其洗入烧杯中，再用量筒中的水使全部粉末转入沉降筒里，用带橡皮薄圆盘的玻璃棒在筒中上下抽动数分钟，颗粒在整个液体中分布均匀后，迅速将沉降筒放在天平侧原位，将平盘浸入筒内并挂在钩上，在小盘浸入 1/2 深度时打开停表，同时不断转动 2，使平衡指针 4 时时处于零线。一般在半分钟内记下第一个读数。初期可每半分钟到 1 分钟记录一次天平读数，随沉降速度变慢，可适当延长读数间隔时间。直到隔 5min 质量增加不到 1mg 为止。

实验时应注意平盘处于沉降筒正中，盘底不能有气泡。实验数据记录在表 4-21 中。

五、数据记录及处理

（一）数据记录

表 4-21 原始数据记录表

时间 t_i/s	沉降速度 $u_i(u_i=h/t_i)$ /cm·s^{-1}	粒子半径 r_i/cm	$r_{平均}=\frac{r_i+r_{i+1}}{2}$	$\Delta r_i=r_i+r_{i+1}$	ΔG_i	$f(r)=\Delta G_i/G_\infty \Delta r_i$

（二）数据处理

（1）以沉降时间 t 为横坐标，沉降量 G 为纵坐标，做出光滑的沉降曲线。沉降量的极限值 G_∞ 可用做图法求得，即在沉降曲线纵轴左边做 $G-\frac{A}{t}$ 图（A 是任意常数，例如令 $A=1000$），由 t 值较大的各点做直线外推与纵轴相交，即为 G_∞。

（2）在沉降曲线上过适当的点用镜像法做切线交于纵轴，求得各 ΔG_i，同时求得各点的沉降速度 u_i 和粒子半径 r_i。

（3）以 $\frac{\Delta G_i}{G_\infty \Delta r_i}$ 对 $r_{平均}$ 做图，绘出粒度分布曲线。

六、思考题

（1）如果粒子不是球形的，则测得的粒子半径意义如何？如果粒子之间有聚结现象，对测定有何影响？

（2）粒子含量太多，或粒子半径太小或太大，对测定有何影响？

实验十五 电 泳

一、实验目的

(1) 用宏观电泳法测定 $Fe(OH)_3$ 溶胶的 ξ 电势，掌握测定原理及技术。

(2) 了解溶胶制备的一种简单方法及胶粒的电性质。

(3) 观察并熟悉胶体的电泳现象。

二、实验原理

溶胶是分散相颗粒大小在 1~100nm 之间的多相体系。根据双电层理论，胶核大多是由原子、分子或离子形成的固体微粒聚集体，因本身电离，或在分散相介质中选择性地吸附离子而带电。介质中存在的与吸附离子电荷相反的离子称为反离子，反离子一部分依靠静电引力和范德华力的作用，与吸附离子一起紧密地吸附于胶核表面，称为吸附层或紧密层（被吸附离子是水化的，水化离子体积较大）。因热运动另一部分水化反离子呈扩散状态分布于介质中，称为扩散层，整个体系为电中性的。胶核与吸附层、扩散层的双电层结构一起构成胶团。胶核、吸附离子和部分反离子（即吸附层）构成了胶粒。当在电场作用下胶粒向异号电极移动称为电泳。以 $Fe(OH)_3$ 溶胶为例，胶团结构可表示如下：

$$\{[Fe(OH)_3]_m \cdot nFeO^- (n-x)Cl^-\}^{x+} x\,Cl^-$$

胶粒与扩散层中带电离子间的电势降称为 ξ 电势。这种电势只有在电场中胶粒定向移动才表现出来，它与胶粒大小、形状及所带电荷有关，还与外加电场强度 E、胶粒运动速度 u 及介质的介电常数 ε 和黏度 μ 有关。利用电泳现象可测定 ξ 电势。

电泳法分两类，即宏观法和微观法。宏观法是测定胶体溶液与另一不含胶粒的无色导电溶液的界面在电场中的移动速率。微观法是直接观察单个胶粒在电场中的泳动速率。对高度分散的溶胶（如 $Fe(OH)_3$ 溶胶），或过浓的溶胶，因不易观察个别粒子的运动，只能用宏观法。对颜色太浅或浓度过稀的溶胶，则适宜用微观法。本实验采用宏观法。

在电泳实验中，胶粒的 ξ 电势按下式计算：

$$\xi = \frac{K\mu u}{4\varepsilon E} = \frac{K\mu u}{4\varepsilon(U/l)} \tag{4-69}$$

式中 μ——分散介质的黏度，Pa·s；

ε——分散介质的介电常数，298.15K 时水的 $\varepsilon = 81.1$；

u——胶粒的电泳速度，m/s；

U——电泳管两端的电压，V；

l——两极间的导电距离，m；

K——与胶粒形状有关的常数，对球状粒子为6，棒状为4。

本法中，电泳速率 u 可从观察在电场作用下，电泳测定管中胶体溶液界面移动不同距离 l' 所需时间 t，以 l' 对 t 做图，从直线斜率求得。

宏观电泳法的装置如图4-22所示，电泳测量线路图如图4-23所示。

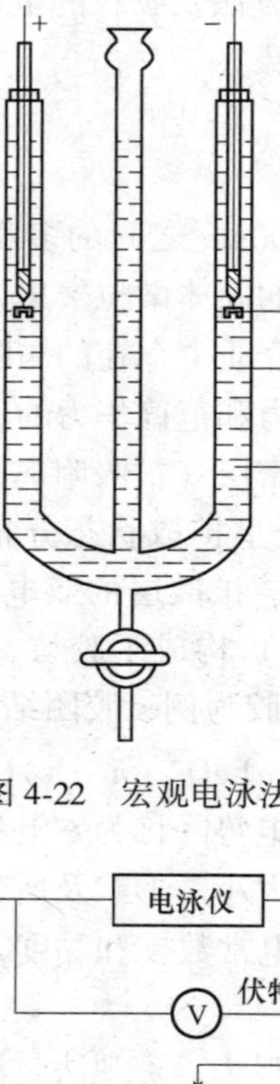

图4-22　宏观电泳法的装置

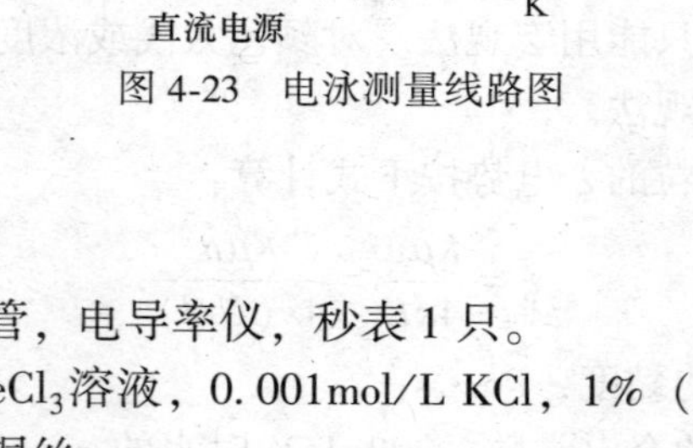

图4-23　电泳测量线路图

三、仪器与试剂

电泳仪，电泳测定管，电导率仪，秒表1只。

3%（质量分数）$FeCl_3$溶液，0.001mol/L KCl，1%（质量百分数）$AgNO_3$溶液，火棉胶，棉线，细铜丝。

四、实验步骤

（1）溶胶的制备。在 250mL 烧杯中放入 150mL 蒸馏水，在电炉上加热至沸腾。用量筒取 10mL 3%（质量百分数）的 $FeCl_3$溶液，将此溶液逐滴加入上述沸腾状态蒸馏水中，同时不断搅拌。加完溶液后再沸腾 2～3min，即得棕红色 $Fe(OH)_3$ 溶胶，冷却待渗析。

（2）半透膜的制作。取一个 250mL 锥形瓶，洗净烘干后，倒入约 10mL 5%的火棉胶液（它是硝化纤维的乙醇乙醚溶液，极易燃，使用时必须远离火焰，保持室内通风良好）。小心转动瓶子，使其在瓶壁上形成一均匀薄层。倾出多余的火棉胶液，将瓶子倒置于铁圈上，让剩余的火棉胶液流尽，并使乙醚充分挥发，可用吹风机冷风吹瓶口加速蒸发。当用手轻轻接触火棉胶膜而不粘手时，再用吹风机冷风吹 5min 后，在瓶内加满蒸馏水，溶去膜内剩余的乙醇（注意加水过早，火棉胶膜会呈白色而不适用；加水太迟，火棉胶膜会变干硬而不易取出）。10min 后，倾出蒸馏水。在瓶口处剥离一部分火棉胶膜，在火棉胶膜与瓶壁之间注入蒸馏水，使火棉胶膜脱离瓶壁。轻轻地取出制成的袋状火棉胶膜，检查它是否有漏洞。若有漏洞，擦干有洞部分，用玻璃棒蘸少许火棉胶液轻轻接触漏洞部分，即可补好。不使用的半透膜要浸放在蒸馏水中。

（3）溶胶渗析。将制好的溶胶倒入做好的半透膜中，用棉线绳轻轻扎住袋口。将此半透膜系在玻璃棒上，悬在准备好的 2000mL 烧杯内约 1500mL 的蒸馏水中。水温应加热至 60～70℃进行渗析，半小时换一次水，并取约 1mL 渗析水在试管内，用 1%$AgNO_3$溶液，检查 Cl^-离子，直至检测不到 Cl^-离子为止（一般需换水 4 次以上），将纯化后的溶胶倒入用蒸馏水冲净的 250mL 烧杯内。

（4）将电导与溶胶相同的适量 KCl 稀溶液（辅助液）注入电泳管的 U 形管中约 10cm 高。注入时应先将中部管的活塞打开，慢慢加入辅助液，当其高过活塞时，立即将活塞关闭，再继续加辅助液至 U 形管中约 10cm 高，这样可防止活塞中有气泡。

（5）将待测的 $Fe(OH)_3$溶胶从漏斗加入电泳仪中部管，然后慢慢开启活塞，使溶胶缓慢（尽量慢）地进入 U 型管中，这时可观察到溶胶与 KCl 溶液之间有一明显界面，且上部的溶液随溶胶的缓缓进入 U 型管而升高。当 KCl 溶液浸没电极一定深度后关闭活塞。记下界面高度并做一记号。

（6）按线路将两电极接在直流稳压电源的输出端，调节输出电压在 30～40V，调好电压后接通电键，同时开动秒表计时，并记下这一瞬间的界面高度。通电 40～50min，断开电键时记下界面上升距离及通电时间。

（7）用细铜丝测量两电极端点在 U 形管中沿 U 形管的导电距离 l，测量 4～5 次取平均值。所有实验数据记录在表 4-22 中。

五、数据记录及处理

（一）数据记录

表 4-22　原始数据记录表

室温 t/℃	电泳时间 t/s	电压 U/V	两极间距离 l/cm	界面移动距离 l'/cm

（二）数据处理

（1）由电泳时间 t 与界面移动距离 l' 求电泳速率（$u=l'/t$）。

（2）由式（4-69）计算 ξ 电势，其 SI 单位为 V。

（3）由溶胶电泳时移动方向确定溶胶所带电荷的符号。

六、思考题

（1）电泳速率与哪些因素有关？

（2）本实验中所用稀 KCl 溶液的电导为什么必须与所测溶胶的电导十分相近？

（3）$Fe(OH)_3$ 溶胶胶粒带何种符号电荷？为什么会带此种符号电荷？

第五章 综合性实验

实验一 TiO_2纳米材料的制备与表征

一、实验目的

（1）掌握溶胶-凝胶法制备 TiO_2纳米材料的方法。

（2）掌握研究纳米材料的形貌、晶体结构和光催化活性的方法。

（3）了解纳米二氧化钛的粒性和物性。

二、实验原理

纳米材料是指在三维空间中至少有一维处于纳米尺寸（0.1～100nm）或由它们作为基本单元构成的材料，这相当于 10～100 个原子紧密排列在一起的尺度。由于颗粒尺寸的微细化，使得纳米材料在保持原物质化学性质的同时，与块状材料相比，在磁性、光吸收、热阻、化学活性、催化和熔点等方面表现出奇异的性能。

纳米 TiO_2具有许多独特的性质。比表面积大，表面张力大，熔点低，磁性强，光吸收性能好，特别是吸收紫外线的能力强，表面活性大，热导性能好，分散性好等。基于上述特点，纳米 TiO_2具有广阔的应用前景。利用纳米 TiO_2作光催化剂，可处理有机废水，其活性比普通 TiO_2（约 10μm）高得多；利用其透明性和散射紫外线的能力，可作食品包装材料、木器保护漆、人造纤维添加剂、化妆品防晒霜等；利用其光电导性和光敏性，可开发一种 TiO_2感光材料。如何开发、应用纳米 TiO_2，已成为各国材料学领域的重要研究课题。

由于材料的成分和结构决定其性质，因此材料的制备是相关性能和应用研究的基础。目前合成纳米二氧化钛粉体的方法主要有液相法和气相法，其中液相法操作简单、对设备要求不高且便于大量制备，是最常用的方法之一。液相法是指通过在溶液中发生化学反应而得到纳米材料的方法。常用的液相法主要有均匀沉淀法、直接沉淀法、水热合成法、微乳液法、溶胶-凝胶法等。由于传统的方法不能或难以制备纳米级二氧化钛，而溶胶-凝胶法则可以在低温下制备高纯度、粒径分布均匀、化学活性大的单组分或多组分分子级纳米催化剂。因此，本实验采用溶胶-凝胶法来制备纳米二氧化钛光催化剂。

制备溶胶所用的原料为钛酸四丁酯（$Ti(O\text{-}C_4H_9)_4$）、水、无水乙醇（C_2H_5OH）以及冰醋酸。其中反应物为 Ti（$O\text{-}C_4H_9)_4$和水，介质为C_2H_5OH，冰醋酸可调节体系的酸度防止钛离子水解过速。使 Ti（$O\text{-}C_4H_9)_4$在C_2H_5OH中水解生成$Ti(OH)_4$，脱水后即可获得TiO_2。在后续的热处理过程中，只要控制适当的温度条件和反应时间，就可以获得金红石型和锐钛型二氧化钛。

钛酸四丁酯在酸性条件下，在乙醇介质中水解反应是分步进行的，总水解反应表示为下式，水解产物为含钛离子溶胶。

$$Ti(O\text{-}C_4H_9)_4 + 4H_2O \longrightarrow Ti(OH)_4 + 4C_4H_9OH$$

一般认为，在含钛离子溶液中钛离子通常与其他离子相互作用形成复杂的网状基团。上述溶胶体系静置一段时间后，由于发生胶凝作用，最后形成稳定凝胶。

$$Ti(OH)_4 + Ti(O\text{-}C_4H_9)_4 \longrightarrow 2TiO_2 + 4C_4H_9OH$$

$$Ti(OH)_4 + Ti(OH)_4 \longrightarrow 2TiO_2 + 4H_2O$$

纳米材料的表征方法很多，例如可用透射电镜（TEM）、扫描电镜（SEM）或原子力显微镜（AFM）等手段观察纳米材料的形貌和尺寸。可用红外光谱（IR）确定纳米材料的结构和光催化活性。可用 XRD 测定纳米材料的物相和晶体结构。可用 X 射线光电子能谱（XPS）、能量色散 X 射线谱（EDX）、电子能量损失谱（EELS）等方法确定纳米材料的成分。可用紫外可见吸收光谱、荧光光谱研究材料的导带-价带能隙和光学性质。

三、仪器和试剂

透射电子显微镜，XRD-衍射仪，红外光谱仪，磁力搅拌器，电热炉，恒温水浴，马弗炉。

钛酸正四丁酯，无水乙醇，冰醋酸，盐酸，去离子水。

四、实验步骤

（1）室温下用完全干燥的量筒量取 10mL 钛酸丁酯，缓慢滴入 35mL 的无水乙醇中，并用磁力搅拌器强力搅拌 10min，混合均匀，形成黄色澄清溶液 A。将 4mL 冰醋酸和 10mL 蒸馏水加到另一份 35mL 的无水乙醇中，剧烈搅拌，得到溶液 B，滴入 1~2 滴盐酸，调节 pH 值使 $pH \leqslant 3$。室温水浴下，在剧烈搅拌下将已移入恒压漏斗中的溶液 A 缓慢滴入溶液 B 中，滴速大约为 10mL/min。滴加完毕后得浅黄色溶液，继续搅拌半小时后，80℃ 水浴加热，1h 后得到微黄色凝胶。转至布氏漏斗中抽滤（若形成的胶体没有分层可不抽滤）。将滤饼置于蒸发皿中在电热炉上烘干，得到淡黄色粉末。

（2）将制备的淡黄色粉末放到马弗炉中500℃焙烧、活化，得到TiO_2纳米材料。

（3）TiO_2纳米材料的表征。

1）取1mg左右的样品，加入2mL乙醇溶液（乙醇与水体积比为1：1）中，超声分散5min，滴加1滴溶液到有机膜的铜网上，晾干后用透射电子显微镜观察样品的形貌。

2）将样品倒入XRD衍射仪样品槽中，用金属刮刀压实并刮平，使样品表面平整，并与玻片表面保持在同一平面上，然后在XRD衍射仪上测定其XRD谱图，分析TiO_2的晶型结构。

3）将样品制成KBr压片，放入红外光谱仪上测试样品的红外光谱图。

五、数据记录及处理

（1）通过透射子显微镜照片观察TiO_2样品的形貌，测定样品的直径和长度及其长度和直径的分布范围图。

（2）通过XRD谱图确定TiO_2的晶型结构。

（3）利用样品的红外光谱确定TiO_2样品的结构，表征TiO_2样品的光催化活性。

六、思考题

（1）与常规材料相比，纳米材料有哪些特点？

（2）将溶液A滴加到溶液B中时为什么要缓慢滴加？

（3）TiO_2纳米材料的表征有哪些手段？从这些表征中可以分别获得哪些信息？

实验二　化学反应热力学函数的测定及其温度校正

一、实验目的

（1）测定可逆电池在不同温度下的电动势，从而计算电池反应的热力学函数 ΔG、ΔS 和 ΔH。

（2）掌握电动势法测定化学反应热力学函数的有关原理和方法。

（3）掌握电极的制备和恒温槽的使用。

二、实验原理

化学反应的热力学函数变化值的测量，可以设计为在恒温恒压可逆的条件下的电池反应。利用对消法测定电池的电动势 E，即可获得相应的电池反应的吉布斯函数的改变值：

$$\Delta G = -zEF \tag{5-1}$$

式中，z 为参与电极反应的电子的物质的量，mol；F 为法拉第常数（96485 C/mol）。

从热力学可知：

$$\Delta G = \Delta H - T\Delta S \tag{5-2}$$

$$\Delta S = -\left(\frac{\partial \Delta G}{\partial T}\right)_P = zF\left(\frac{\partial E}{\partial T}\right)_P \tag{5-3}$$

将式（5-1）、式（5-3）两式代入式（5-2）得

$$\Delta H = -zEF + zFT\left(\frac{\partial E}{\partial T}\right)_P \tag{5-4}$$

因此，在恒定压力下测量不同温度下电池的电动势，以 E 对 T 做图，从曲线的斜率可求得任意温度下的 $\left(\frac{\partial E}{\partial T}\right)_P$ 值。根据式（5-1）~式（5-3）可求出该反应的热力学函数 $\Delta_r G_m$、$\Delta_r S_m$、$\Delta_r H_m$。

本实验测定下列电池的电动势：

$$\text{Ag-AgCl} \mid \text{KCl 溶液}(0.1\text{mol/L}) \mid \text{Hg}_2\text{Cl}_2\text{-Hg}$$

此电池的两个电极的电极电势为

$$E(\text{Hg}_2\text{Cl}_2(\text{s})/\text{Hg}) = E^{\ominus}(\text{Hg}_2\text{Cl}_2(\text{s})/\text{Hg}) - \frac{RT}{F}\ln a(\text{Cl}^-)$$

$$E(\text{AgCl}(\text{s})/\text{Ag}) = E^{\ominus}(\text{AgCl}(\text{s})/\text{Ag}) - \frac{RT}{F}\ln a(\text{Cl}^-)$$

电池电动势为

$$E = E(Hg_2Cl_2(s)/Hg) - E(AgCl(s)/Ag)$$
$$= \left[E^{\ominus}(Hg_2Cl_2(s)/Hg) - \frac{RT}{F}\ln a(Cl^-)\right] - \left[E^{\ominus}(AgCl(s)/Ag) - \frac{RT}{F}\ln a(Cl^-)\right]$$
$$= E^{\ominus}(Hg_2Cl_2(s)/Hg) - E^{\ominus}(AgCl(s)/Ag)$$

因此可知，此电池电动势与KCl溶液浓度无关。在298K测定此电池的电动势$E^{\ominus}$，即可求出此电池反应的$\Delta_r G^{\ominus}_{m,298}$。测定不同温度下的电池电动势$E$，以$E$对$T$做图求出298K时的$\left(\frac{\partial E}{\partial T}\right)_P$，就可求出$\Delta_r H^{\ominus}_{m,298}$和$\Delta_r S^{\ominus}_{m,298}$。考虑到浓KCl溶液对银-氯化银电极上AgCl的溶解作用，本实验中使用0.1mol/L的KCl溶液。

三、仪器与试剂

UJ31型电位差计，银-氯化银电极，甘汞电极（饱和KCl），恒温槽。

纯汞，甘汞，分析纯氯化钾，分析纯$AgNO_3$，分析纯KCN，硝酸，浓氨水，盐酸，铂丝。

四、实验步骤

（1）制备银-氯化银电极和饱和甘汞电极。

（2）调节恒温槽温度到25℃恒温后，观察贝克曼温度计的读数，每隔2min测定一次读数，测定60min。实验数据记录在表5-1中。

（3）将银-氯化银电极、饱和甘汞电极插入装有0.1mol/L的氯化钾溶液的小烧杯中，即得Ag-AgCl | KCl溶液（0.1mol/L） | Hg_2Cl_2-Hg电池，将该原电池置于恒温槽中。

（4）分别在293K、298K、303K、308K、318K的温度下，应用对消法测定电池电动势。测定开始时，电池电动势不太稳定，因此须每隔一定时间测定一次，直至稳定为止。实验数据记录在表5-2中。

五、数据记录及处理

（一）数据记录

室温：________；气压：________。

表5-1　贝克曼温度计读数记录表

时间/min	2	4	6	8	10	…
贝克曼温度计读数						

表 5-2　不同温度下电池电动势记录表

T/K	293	298	303	308	318
$E^{\ominus}$/V					

（二）数据处理

（1）绘制恒温槽灵敏度曲线，确定灵敏度。

（2）以 298K 测得的电池电动势，计算反应的 $\Delta_r G_{m,298}^{\ominus}$ 值（以 J/mol 表示）。

（3）根据不同温度下测得的电动势，做 E-T 曲线。

（4）利用 E-T 曲线求出 298K 时的 $\left(\frac{\partial E}{\partial T}\right)_P$ 值，并计算反应的 $\Delta_r H_{m,298}^{\ominus}$ 和 $\Delta_r S_{m,298}^{\ominus}$。将所得的热力学函数值与由热力学数据计算值进行比较。

六、思考题

（1）电池电动势与电池中 KCl 浓度是否有关？为什么？

（2）为什么用此法测定电池反应的热力学函数时，电池内进行的化学反应必须是可逆的？

七、附录

（一）甘汞电极的制备

首先在电极管中装入纯汞，汞的量要使汞液面达到电极管的粗管部分，以使汞有较大的表面。插入铂丝电极（铂丝需全部进入汞中）。另在一小玻璃研钵中加入少量甘汞，滴加几滴纯汞及饱和氯化钾溶液，研磨此混合物使其变成均匀的灰色糊状物。用滴管吸取制好的甘汞从加料口中加到汞面上，注意勿使甘汞糊与汞相混，以免甘汞沾污铂丝，造成电极电势不稳定现象。然后注入饱和 KCl 溶液，塞紧加料口和滤纸塞，静置 1 昼夜以上即可使用。

（二）银-氯化银电极的制备

取一段约 5cm 长的铂丝卷成螺旋状，封入玻璃管的一端，玻璃管中插入铜引线，用汞或低熔合金连接。将铂丝电极用温热的 6mol/L 硝酸清洗，再用蒸馏水淋洗，以此电极为阴极，另一铂丝电极为阳极，在镀银液中镀银 2h 左右，电流密度控制在 $2mA/cm^2$左右，所镀银层应呈洁白色（镀银液是将 1.5g$AgNO_3$固体和 1.5g KCN 固体，分别溶于 50mL 蒸馏水中，然后将 $AgNO_3$溶液在搅拌下缓慢注入 KCN 溶液中，即得镀银液，注意，此溶液有毒），将镀好的银电极置于浓氨水中 1h，用水清洗后置于蒸馏水中浸几小时，然后以该电极作阳极，另一铂丝电极为阴极，在 1mol/L HCl 溶液中电镀上一层 AgCl，电流密度为 $2mA/cm^2$，时间约为 0.5h，即得紫褐色的 Ag-AgCl 电极。将制好的电极用蒸馏水清洗后，浸于蒸馏水中 24h 以上，使电极充分达到平衡，氯化银电极不用时需浸入与待测体系具有相同氯离子浓度的 KCl 溶液中，并保存在暗处。

实验三　临界胶束浓度的测定

一、实验目的

（1）了解表面活性剂溶液临界胶束浓度（CMC）的定义及常用测定方法。

（2）掌握两种或两种以上实验方法测定表面活性剂溶液的CMC。

二、实验原理

凡能显著降低水的表面张力的物质都称为表面活性剂。当表面活性剂溶入极性很强的水中时，在低浓度时呈分散状态，并且三三两两地把亲油基团靠拢而分散在水中，部分分子定向排列于液体表面，产生表面吸附现象。当溶液表面吸附达到饱和后，浓度再增加时，表面活性剂分子会自相缔合，即疏水的亲油基团相互靠拢，而亲水的极性基团与水接触，这样形成的缔合体称为胶束。以胶束形式存在于水中的表面活性物质是比较稳定的。表面活性物质在水中形成胶束所需的最低浓度称为临界胶束浓度（CMC）。临界胶束浓度看作是表面活性剂对溶液的表面活性的一种度量。因为CMC越小，则表示此种表面活性剂形成胶束所需浓度越低，达到表面饱和吸附的浓度越低。即只要很少的表面活性剂就可起到润湿、乳化、加溶和起泡等作用。临界胶束浓度还是含有表面活性剂溶液性质发生显著变化的转折点，即由于溶液的结构改变在CMC附近导致其许多性质发生突变，这种现象是测定CMC的实验依据，也是表面活性剂的一个重要特征。所以测定CMC的方法有很多，比如表面张力法、电导法、折光指数法和染料增溶法等。都是通过测定溶液中表面活性剂浓度从零逐渐增大的过程中体系的某些物理性质的变化，从而测定CMC。

（1）表面张力法。表面活性剂溶液的表面张力随浓度的变化在CMC处同样出现转折，本实验用最大气泡压力法测，这一方法是将毛细管刚好与待测溶液面接触，在毛细管内加压，管端将在液体内形成一气泡，压力达到一定值时管端气泡破裂吹出，压力突然下降，根据Laplace方程，压力差Δp_{max}与液体表面张力σ及毛细管半径r有下述关系，$\Delta p_{max}=2\sigma/r=k\sigma$。用同一根毛细管，半径$r$值一定，$\Delta p_{max}$与$\sigma$成正比，所以已知水的表面张力$\sigma_{水}$，通过测定水的$\Delta p_{max}$，可求出$k=\Delta p_{max}/\sigma_{水}$，再测得不同浓度表面活性剂的水溶液的$\Delta p_{max}$，求得对应的$\sigma$，通过$\sigma$对表面活性剂的浓度$c$做图，由曲线上的转折点来确定CMC值。表面张力采用最大气泡法进行测定。

（2）电导法。对于一般电解质溶液，其导电能力由电导率k，即电阻的倒数（$1/R$）来衡量，若所用的电极面积为A，电极间距为l，测定电解质溶液电导，

则 k 是 $A=1m^2$，$l=1m$ 时的电导，称作电导率，其单位为 S/m。电导率和摩尔电导率有下列关系：$\Lambda_m=k/c$，Λ_m 为 1mol 电解质溶液的电导能力，c 为电解质溶液的摩尔浓度。Λ_m 随电解质浓度而变，对于离子型表面活性剂溶液，当溶液浓度很稀时，电导的变化规律也和强电解质一样；但当溶液浓度达到临界胶束浓度时，随着胶束的生成，电导率发生改变，摩尔电导急剧下降，这就是电导法测定 CMC 的依据。利用离子型表面活性剂溶液的电导率 k 或摩尔电导率 Λ_m 随浓度 c 的变化关系，做 k-c 或 Λ_m-$c^{1/2}$ 图，由曲线上的转折点求出 CMC 值。

三、仪器与试剂

电导率仪，恒温水浴，表面张力测定装置。

分析纯十二烷基硫酸钠，分析纯氯化钾。

四、实验步骤

（1）用电导水或重蒸馏水准确配制 0.01mol/L 的 KCl 标准溶液，配制 0.020mol/L 十二烷基硫酸钠溶液。

（2）移取 0.020mol/L 十二烷基硫酸钠溶液于 100mL 容量瓶中，用电导水分别精确配制 0.002mol/L、0.004mol/L、0.006mol/L、0.008mol/L、0.010mol/L、0.012mol/L、0.014mol/L、0.016mol/L、0.018mol/L、0.020mol/L 的十二烷基硫酸钠溶液。

（3）调节恒温水浴温度至 25℃。

（4）用 0.01mol/L 的 KCl 标准溶液校准标准电极常数。

（5）用电导率仪从稀到浓分别测定上述各溶液的电导率，每个溶液的电导读数 3 次，取平均值记录各溶液对应的电导率。实验数据记录在表 5-3 中。

（6）组装好表面张力测定装置，先测定水的 Δp_{max}。

（7）将已配好的十二烷基硫酸钠溶液，从稀到浓依次测定其 Δp_{max} 并记录在表 5-4 中。

五、数据记录及处理

（一）数据记录

室温：________；气压：________；实验温度：________。

表 5-3　不同浓度溶液电导率数据记录表

c/mol · L^{-1}	0.002	0.004	0.006	0.008	0.010	0.012	0.014	0.016	0.018	0.020
k/mS · cm^{-1}										
Λ_m /mS · (mol · cm)$^{-1}$										

表 5-4 不同浓度溶液压力数据记录表

c/mol · L^{-1}	0.002	0.004	0.006	0.008	0.010	0.012	0.014	0.016	0.018	0.020
Δp_{max}										
σ/N · m^{-1}										

（二）数据处理

（1）根据记录数据做 k-c 和 Λ_m-$c^{1/2}$ 图，求出 CMC 值。

（2）根据记录数据做 σ-c 图，求出 CMC 值。

六、思考题

（1）影响电导法测定 CMC 的主要因素是什么？

（2）临界胶束浓度 CMC 的意义是什么？

实验四　纯液体物性的测定

一、实验目的

（1）通过物性测定实验，判断无色透明纯液体。

（2）利用数字式真空计测定不同温度下纯液体的饱和蒸气压，并用图解法求液体在实验温度范围内平均摩尔汽化热与正常沸点。

（3）掌握最大气泡法测定液体表面张力的原理和方法。

（4）掌握阿贝折光仪测定液体折光率。

二、实验原理

物质在一定温度下有固定的物理性质，可通过物性测定来判定物质。

（1）纯液体饱和蒸气的测定。在一定温度下，与纯液体处于平衡状态时的蒸气压力，称为该温度下的饱和蒸气压。实验装置如图 5-1 所示。

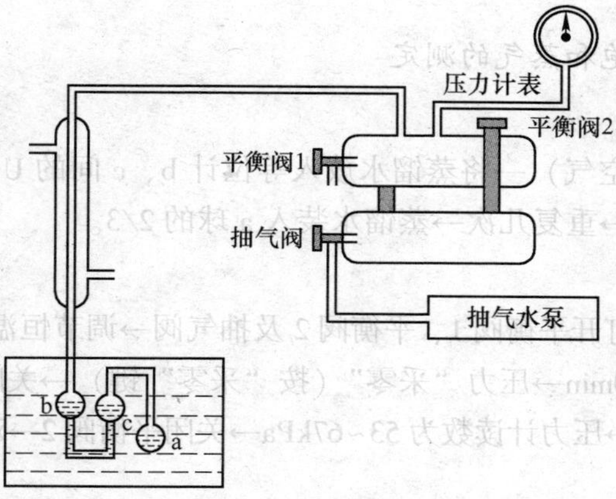

图 5-1　纯液体饱和蒸气压测定装置图

纯液体的蒸气压是随温度变化而改变的，它们之间的关系可用克劳修斯-克拉贝龙方程式来表示：

$$\mathrm{d}\ln p^{*}/\mathrm{d}T = \Delta_{\mathrm{vap}}H_{\mathrm{m}}/RT^{2} \qquad (5\text{-}5)$$

式中　p^{*}——纯液体温度 T 时的饱和蒸气压，Pa；

T——热力学温度，K；

$\Delta_{\mathrm{vap}}H_{\mathrm{m}}$——液体摩尔汽化热，kJ/mol；

R——摩尔气体常数 8.314J/(mol·K)。

如果温度的变化范围不大，$\Delta_{vap}H_m$视为常数作为平均摩尔汽化热。将式（5-5）积分得：

$$\ln p = -\Delta_{vap}H_m/RT + C \quad (5\text{-}6)$$

式中，C 为常数，此数与压力 p 的单位有关。

由式（5-6）可知，在一定温度范围内，测定不同温度下的饱和蒸气压，以 $\ln p$ 对 $1/T$ 做图，可得一直线。由该直线的斜率可求得实验温度范围内液体的平均摩尔汽化热。当外压为 101325Pa 时，液体的蒸气压与外压相等时的 T 称为该液体的正常沸点。从图中或计算也可求得其正常沸点。

（2）最大泡压法测定纯液体的表面张力。

（3）阿贝折光仪直接测定液体折光率。

三、仪器与试剂

蒸气压测定装置，真空泵，电加热器，恒温槽装置，DP-A 精密数字压力计，抽气瓶，温度计，数字式真空计，磁力搅拌器，阿贝折光仪。

纯液体（分析纯）。

四、实验步骤

（一）纯液体饱和蒸气的测定

1. 装样

吹热 a 球（排空气）→将蒸馏水放入等位计 b、c 间的 U 形管中→自然冷却→蒸馏水吸入 a 球→重复几次→蒸馏水装入 a 球的 2/3。

2. 检漏

接通冷凝水→打开平衡阀 1、平衡阀 2 及抽气阀→调节恒温槽温度为实验温度 t_1=50℃，并恒温 10min→压力“采零”（按“采零”键）→关闭平衡阀 1→打开抽气水泵→抽气减压→压力计读数为 53~67kPa→关闭平衡阀 2→观察是否漏气。

3. 测定

（1）如果不漏气则可直接进行以下步骤（接 2. 的检漏步骤）：→打开平衡阀 2→抽气减压→U 形管等位计中 b、c 间有气泡形成并逐渐排出→有连续气泡排出→关闭平衡阀 2（如果液体暴沸，稍微打开平衡阀 1 使沸腾缓和后再关闭平衡阀 1）→缓慢沸腾 3~4min →缓慢打开平衡阀 1 使 b、c 液面相平→读出压力计的压力值。

（2）关闭平衡阀 1，打开平衡阀 2→U 形管等位计中 b、c 间有气泡形成并逐渐排出→有连续气泡排出→关闭平衡阀 2（如果液体暴沸，稍微打开平衡阀 1 使沸腾缓和后再关闭平衡阀 1）→缓慢沸腾 3~4min →缓慢打开平衡阀 1，调节 b、 c 液面相平→读出压力计的压力值（重复实验 3 次）。实验数据记录在表 5-5 中。

（二）纯液体折光率的测定

阿贝折光仪直接测定纯液体的折光率。实验数据记录在表 5-6 中。

（三）纯液体表面张力的测定

最大气泡法测定纯液体的表面张力。实验数据记录在表 5-7 中。

五、数据记录及处理

（一）数据记录

室温：__________；大气压：__________；实验温度：__________。

表 5-5　蒸气压数据记录表

浴温/℃	30			35			40		
真空计 E/kPa									
E/kPa									
蒸气压 p/kPa									
T/K	303.2			308.2			313.2		

表 5-6　折光率数据记录表

次数	1	2	3	平均值
折光率 n_D^{30}				

表 5-7　压力数据记录表

待测物质	Δp/Pa				σ /N·m^{-1}	仪器常数 k /Pa·m·N^{-1}
	1	2	3	平均值		
H_2O						
液体						

（二）数据处理

（1）由蒸气压 p 对温度 T 做图，由图中均匀取 10 个点的数据，列于表 5-8 中。绘制 $\ln p \sim 1/T$ 图，计算平均摩尔汽化热、正常沸点。

表 5-8　蒸气压-温度数据表

T/K										
p/kPa										
$\frac{1}{T}$/K^{-1}										
$\ln p$										

(2) 根据物性测定结果判定物质。

六、思考题

(1) 未知液体如何利用其物理性质确定物质的种类?

(2) 如何确定物质的平均摩尔汽化热?

七、附录

(一) 精密数字压力计表的使用

(1) 预热。将开关置于标有“ON”的位置，通电预热 30min 后，方可进行实验测定，否则将影响实验精度。

(2) 调零。按“采零”键，调节零点的读数为“0.00”，重复 2~3 次。

(3) 关机。关机前，应使测量体系与大气相连通后方可关机。

(4) 压力计是以实验室的大气压作为“0”基准点进行测压。例如：实验室的大气压为 99.65kPa，仪器在完全连通实验室大气压的状态下“采零”，实验过程中，如果压力计的示数为 -20kPa，则体系的真实压力比实验室的大气压小 20kPa，为 79.65kPa。

(二) 阿贝折射仪的使用

参见第三章第八节。

(三) 最大气泡法

参见第四章实验十二。

实验五　溶液中的等温吸附

一、实验目的

(1) 测定活性炭在亚甲基蓝溶液中的吸附作用，绘制吸附等温线，确定活性炭对亚甲基蓝的饱和吸附量。

(2) 了解兰格谬尔单分子层吸附理论，验证兰格谬尔吸附公式。

二、实验原理

活性炭为一种吸附剂，对亚甲基蓝有较强的吸附能力，且在一定条件下为单分子层吸附，即符合兰格谬尔吸附等温式：

$$\Gamma = W(c_0 - c_e)/m$$

式中　W——溶液的质量，g（亚甲基蓝溶液的密度可认为与水的密度相等）；

c_0——亚甲基蓝的原始浓度，mg/L；

c_e——亚甲基蓝的平衡浓度，mg/L；

m——活性炭的质量，g。

常温下，用分光光度计测量吸附前后亚甲基蓝溶液的浓度，从浓度的变化可以求出每克活性炭吸附亚甲基蓝的吸附量 Γ。将吸附量 Γ 对平衡浓度 c_e 做出吸附等温线，其水平段即为形成单分子层时的饱和吸附量 Γ_∞。

亚甲基蓝具有如图 5-2 所示的矩形平面结构。亚甲基蓝在可见区 665nm 有最大吸收峰，根据光吸收定律，当入射光为一定波长的单色光时，溶液的吸光度与溶液中有色物质的浓度和溶液层的厚度成正比。所以可以根据吸光度确定溶液浓度。

$$A = abc$$

式中　A——吸光度；

a——吸光系数；

b——液层厚度，cm；

c——溶液浓度，mg/L。

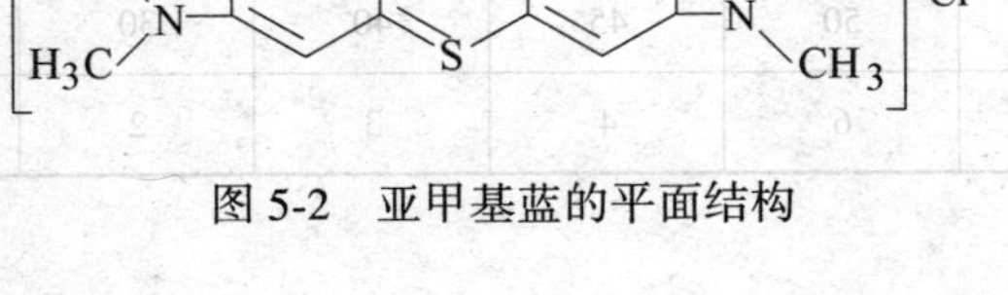

图 5-2　亚甲基蓝的平面结构

三、仪器与试剂

721型分光光度计，电动离心机，电子分析天平，THZ-82水浴恒温振荡器。

0.01%亚甲基蓝标准溶液，0.25%亚甲基蓝储备液，粒度均匀、干燥的活性炭。

四、实验步骤

（1）活性炭的活化。将颗粒状的活性炭置于坩埚中，放入真空烘箱内，300℃下活化1h后置于干燥器中备用。

（2）取6个洗净烘干的100mL带塞三角瓶从1~6编号，用移液管分别按编号加入0.25%亚甲基蓝储备液10mL、15mL、20mL、30mL、40mL、60mL，再分别加入蒸馏水50mL、45mL、40mL、30mL、20mL、0mL摇匀。用电子分析天平准确称取6份0.10~0.11g活性炭分别放入6个三角瓶内，记录6个编号瓶内活性炭的质量。

（3）将配好溶液加好活性炭的6个三角瓶放进恒温振荡器中，充分振荡4~6h，使吸附达到平衡。

（4）用移液管吸取3mL、6mL、9mL、12mL的0.01%亚甲基蓝标准溶液于100mL容量瓶中，用蒸馏水稀释至刻度，即得3μg/L、6μg/L、9μg/L、12μg/L的标准溶液。以蒸馏水作参比，在665nm波长下分别测量它们的吸光度。以吸光度对浓度做图，所得直线即为工作曲线。

（5）用移液管吸取4mL 0.25%亚甲基蓝溶液于1000mL容量瓶中，用蒸馏水稀释至刻度后，测定稀释后溶液的吸光度，并从工作曲线上找出对应的浓度。

（6）取6个离心管按1~6编号，从对应6个三角瓶中取适量溶液，然后用电动离心机分离。如表5-9所示，准确移取澄清溶液于对应的容量瓶中，用蒸馏水稀释至刻度。分别测定其吸光度，求出各平衡液的浓度c_e，记录在表5-10中。

五、数据记录及处理

（一）数据记录

表5-9 吸附液的原始浓度

编　　号	1	2	3	4	5	6
取储备液体积/mL	10	15	20	30	40	60
加蒸馏水体积/mL	50	45	40	30	20	0
稀释倍数	6	4	3	2	1.5	1

续表 5-9

编　　号	1	2	3	4	5	6
溶液原始浓度/μg · L^{-1}						
溶液原始浓度/mg · L^{-1}						
活性炭的质量/g						

表 5-10　平衡液的浓度

编　　号	1	2	3	4	5	6
容量瓶体积/mL	100	100	250	250	250	250
移取平衡液体积/mL	1	1	1	1	1	1
稀释后平衡液消光值						
稀释平衡浓度/μg · L^{-1}						
平衡液的浓度 c_e/mg · L^{-1}						

(二) 数据处理

(1) 绘制亚甲基蓝溶液工作曲线。

(2) 从工作曲线查出稀释后储备液的浓度，乘以稀释倍数即亚甲基蓝储备液浓度 $c_{备}$（μg/L）。

(3) 按表 5-9 计算吸附时各溶液原始浓度 c_0。

(4) 计算平衡液的浓度 c_e。根据表 5-10 数据，从工作曲线查出对应浓度乘以稀释倍数，除以 10^4 即 c_e。

(5) 计算吸附量 Γ。

(6) 作吸附等温线，确定饱和吸附量 Γ_∞。

六、思考题

(1) 为什么用减量法称量活性炭？

（2）影响测定结果的主要因素是什么？

（3）如何使活性炭较快地从溶液中分离出来？

附　录

附录 1　元素周期表

原子序数	名称	符号	原子量	原子序数	名称	符号	原子量
1	氢	H	1.0079	26	铁	Fe	55.847
2	氦	He	4.00260	27	钴	Co	58.9332
3	锂	Li	6.941	28	镍	Ni	58.70
4	铍	Be	9.01218	29	铜	Cu	63.546
5	硼	B	10.81	30	锌	Zn	65.38
6	碳	C	12.011	31	镓	Ga	69.72
7	氮	N	14.0067	32	锗	Ge	72.59
8	氧	O	15.9994	33	砷	As	74.9216
9	氟	F	18.99840	34	硒	Se	78.96
10	氖	Ne	20.179	35	溴	Br	79.904
11	钠	Na	22.98977	36	氪	Kr	83.80
12	镁	Mg	24.305	37	铷	Rb	85.4678
13	铝	Al	26.98154	38	锶	Sr	87.62
14	硅	Si	28.0855	39	钇	Y	88.9059
15	磷	P	30.97376	40	锆	Zr	91.22
16	硫	S	32.06	41	铌	Nb	92.9064
17	氯	Cl	35.453	42	钼	Mo	95.94
18	氩	Ar	39.948	43	锝	Tc	[97] [99]
19	钾	K	39.098	44	钌	Ru	101.07
20	钙	Ca	40.08	45	铑	Rh	102.9055
21	钪	Sc	44.9559	46	钯	Pd	106.4
22	钛	Ti	47.90	47	银	Ag	107.868
23	钒	V	50.9415	48	镉	Cd	112.41
24	铬	Cr	51.996	49	铟	In	114.82
25	锰	Mn	54.9380	50	锡	Sn	118.69

续附录 1

原子序数	名称	符号	原子量	原子序数	名称	符号	原子量
51	锑	Sb	121.75	80	汞	Hg	200.59
52	碲	Te	127.60	81	铊	Tl	204.37
53	碘	I	126.9045	82	铅	Pb	207.2
54	氙	Xe	131.30	83	铋	Bi	208.9804
55	铯	Cs	132.9054	84	钋	Po	[210] [209]
56	钡	Ba	137.33	85	砹	At	[210]
57	镧	La	138.9055	86	氡	Rn	[222]
58	铈	Ce	140.12	87	钫	Fr	[223]
59	镨	Pr	140.9077	88	镭	Ra	226.0254
60	钕	Nd	144.24	89	锕	Ac	227.0278
61	钷	Pm	[145]	90	钍	Th	232.0381
62	钐	Sm	150.4	91	镤	Pa	231.0359
63	铕	Eu	151.96	92	铀	U	238.029
64	钆	Gd	157.25	93	镎	Np	237.0482
65	铽	Tb	158.9254	94	钚	Pu	[239] [244]
66	镝	Dy	162.50	95	镅	Am	[243]
67	钬	Ho	164.9304	96	锔	Cm	[247]
68	铒	Er	167.26	97	锫	Bk	[247]
69	铥	Tm	168.9342	98	锎	Cf	[251]
70	镱	Yb	173.04	99	锿	Es	[254]
71	镥	Lu	174.967	100	镄	Fm	[257]
72	铪	Hf	178.49	101	钔	Md	[258]
73	钽	Ta	180.9479	102	锘	No	[259]
74	钨	W	183.85	103	铹	Lr	[260]
75	铼	Re	186.207	104		Unq	[261]
76	锇	Os	190.2	105		Unp	[262]
77	铱	Ir	192.22	106		Unh	[263]
78	铂	Pt	195.09	107			[261]
79	金	Au	196.9665				

附录2　国际单位制的基本单位

量	单位名称	单位符号
长度	米	M
质量	千克（公斤）	kg
时间	秒	s
电流	安［培］	A
热力学温度	开［尔文］	K
物质的量	摩［尔］	mol
光强度	坎［德拉］	cd

附录3　国际单位制中具有专门名称的导出单位

量的名称	单位名称	单位符号	其他单位形式
频率	赫［兹］	Hz	s^{-1}
力	牛［顿］	N	$kg \cdot m/s^2$
压力、应力	帕［斯卡］	Pa	N/m^2
能、功、热量	焦［耳］	J	$N \cdot m$
电量、电荷	库［仑］	C	$A \cdot s$
功率	瓦［特］	W	J/s
电位、电压、电动势	伏［特］	V	W/A
电容	法［拉］	F	C/V
电阻	欧［姆］	Ω	V/A
电导	西［门子］	S	A/V
磁通量	韦［伯］	Wb	$V \cdot s$
磁感应强度	特［斯拉］	T	Wb/m^2
电感	亨［利］	H	Wb/A
摄氏温度	摄氏度	℃	K

附录 4 不同温度下水的饱和蒸气压

t/℃	0.0 kPa	0.2 kPa	0.4 kPa	0.6 kPa	0.8 kPa
0	0.6105	0.6195	0.6286	0.6379	0.6473
1	0.6567	0.6663	0.6759	0.6858	0.6958
2	0.7058	0.7159	0.7262	0.7366	0.7473
3	0.7579	0.7687	0.7797	0.7907	0.8019
4	0.8134	0.8249	0.8365	0.8483	0.8603
5	0.8723	0.8846	0.8970	0.9095	0.9222
6	0.9350	0.9481	0.9611	0.9745	0.9880
7	1.0017	1.0155	1.0295	1.0436	1.0580
8	1.0726	1.0872	1.1022	1.1172	1.1324
9	1.1478	1.1635	1.1792	1.1952	1.2114
10	1.2278	1.2443	1.2610	1.2779	1.2951
11	1.3124	1.3300	1.3478	1.3658	1.3839
12	1.4023	1.4210	1.4397	1.4527	1.4779
13	1.4973	1.5171	1.5370	1.5572	1.5776
14	1.5981	1.6191	1.6401	1.6615	1.6831
15	1.7049	1.7269	1.7493	1.7718	1.7946
16	1.8177	1.8410	1.8648	1.8886	1.9128
17	1.9372	1.9618	1.9869	2.0121	2.0377
18	2.0634	2.0896	2.1160	2.1426	2.1694
19	2.1967	2.2245	2.2523	2.2805	2.3090
20	2.3378	2.3669	2.3963	2.4261	2.4561

续附录 4

t/℃	0.0	0.2	0.4	0.6	0.8
	kPa	kPa	kPa	kPa	kPa
21	2.4865	2.5171	2.5482	2.5796	2.6114
22	2.6434	2.6758	2.7068	2.7418	2.7751
23	2.8088	2.8430	2.8775	2.9124	2.9478
24	2.9833	3.0195	3.0560	3.0928	3.1299
25	3.1672	3.2049	3.2432	3.2820	3.3213
26	3.3609	3.4009	3.4413	3.4820	3.5232
27	3.5649	3.6070	3.6496	3.6925	3.7358
28	3.7795	3.8237	3.8683	3.9135	3.9593
29	4.0054	4.0519	4.0990	4.1466	4.1944
30	4.2428	4.2918	4.3411	4.3908	4.4412
31	4.4923	4.5439	4.5957	4.6481	4.7011
32	4.7547	4.8087	4.8632	4.9184	4.9740
33	5.0301	5.0869	5.1441	5.2020	5.2605
34	5.3193	5.3787	5.4390	5.4997	5.5609
35	5.6229	5.6854	5.7484	5.8122	5.8766
36	5.9412	6.0087	6.0727	6.1395	6.2069
37	6.2751	6.3437	6.4130	6.4830	6.5537
38	6.6250	6.6969	6.7693	6.8425	6.9166
39	6.9917	7.0673	7.1434	7.2202	7.2976
40	7.3759	7.451	7.534	7.614	7.695

附录5　一些液体物质的饱和蒸气压与温度的关系

化合物	25℃时蒸气压/kPa	温度范围/℃	*A*	*B*	*C*
丙酮 C_3H_6O	230.05		7.02447	1161.0	224
苯 C_6H_6	95.18		6.90565	1211.033	220.790
溴 Br_2	226.32		6.83298	1133.0	228.0
甲醇 CH_4O	126.40	-20~140	7.87863	1473.11	230.0
甲苯 C_7H_8	28.45		6.95464	1344.8	219.482
醋酸 $C_2H_4O_2$	15.59	0~36	7.80307	1651.2	225
		36~170	7.18807	1416.7	211
氯仿 $CHCl_3$	227.72	-30~150	6.90328	1163.03	227.4
四氯化碳 CCl_4	115.25		6.93390	1242.43	230.0
乙酸乙酯 $C_4H_8O_2$	94.29	-20~150	7.09808	1238.71	217.0
乙醇 C_2H_6O	56.31		8.04494	1554.3	222.65
乙醚 $C_4H_{10}O$	534.31		6.78574	994.195	220.0
乙酸甲酯 $C_3H_6O_2$	213.43		7.20211	1232.83	228.0
环己烷 C_6H_{12}		-20~142	6.84498	1203.526	222.86

注：$\lg p = A - \dfrac{B}{t+C} + 2.1249$。

附录6　不同温度下水的密度（1atm）

温度/℃	密度ρ/g·cm^{-3}	温度/℃	密度ρ/g·cm^{-3}
0	0.9998395	26	0.9967837
1	0.9998985	27	0.9965132
2	0.9999399	28	0.9962335
3	0.9999642	29	0.9959448
4	0.9999720	30	0.9956473
5	0.9999638	31	0.9953410
6	0.9999402	32	0.9950262
7	0.9999015	33	0.9947030
8	0.9998482	34	0.9943715
9	0.9997808	35	0.9940319
10	0.9996996	36	0.9936842
11	0.9996051	37	0.9933287
12	0.9994947	38	0.9929653
13	0.9993771	39	0.9925943
14	0.9992444	40	0.9922158
15	0.9990996	41	0.9918298
16	0.9989430	42	0.9914364
17	0.9987749	43	0.9910358
18	0.9985956	44	0.9906280
19	0.9984052	45	0.9902132
20	0.9982041	46	0.9897914
21	0.9979925	47	0.9893628
22	0.9977705	48	0.9889273
23	0.9975385	49	0.9884851
24	0.9972965	50	0.9880363
25	0.9970449	100	0.9583637

附录 7　有机化合物的密度

下列几种有机化合物的密度可以用下面的方程计算得到：

$$\rho = \rho_D + 10^{-3}\alpha(t - t_D) + 10^{-6}\beta(t - t_D)^2$$

式中，ρ_D为 $t=0$℃时的密度，单位为 g/cm^3。

有机物	ρ_D	α	β	温度范围/℃
四氯化碳	1.63255	−1.9410	−0.690	0~40
氯仿	1.52643	−1.8563	−0.5605	−53~+55
乙醇	0.78506	−1.1138	−0.56	0~25
乙酸乙酯	0.92454	−1.168	−1.95	0~40
醋酸	1.0724	−1.1229	0.0058	9~100
丙酮	0.84248	−1.10	−0.858	0~50
环己烷	0.79707	−0.8879	−0.972	0~60

附录 8 水的黏度

温度/℃	黏度 μ/cP	温度/℃	黏度 μ/cP
0	1.787	26	0.8705
1	1.728	27	0.8513
2	1.671	28	0.8327
3	1.618	29	0.8148
4	1.567	30	0.7975
5	1.519	31	0.7808
6	1.472	32	0.7647
7	1.428	33	0.7491
8	1.386	34	0.7340
9	1.346	35	0.7194
10	1.307	36	0.7052
11	1.271	37	0.6915
12	1.235	38	0.6783
13	1.202	39	0.6654
14	1.169	40	0.6529
15	1.139	41	0.6408
16	1.109	42	0.6291
17	1.081	43	0.6178
18	1.053	44	0.6067
19	1.027	45	0.5960
20	1.002	46	0.5856
21	0.9779	47	0.5755
22	0.9548	48	0.5656
23	0.9325	49	0.5561
24	0.9111	50	0.5468
25	0.8904	51	0.5379

附录 9 不同温度下水的表面张力 σ

t/℃	σ/N · m^{-1}	t/℃	σ/N · m^{-1}
0	75.64×10^{-3}	21	72.59×10^{-3}
5	74.92×10^{-3}	22	72.44×10^{-3}
10	74.22×10^{-3}	23	72.28×10^{-3}
11	74.07×10^{-3}	24	72.13×10^{-3}
12	73.93×10^{-3}	25	71.97×10^{-3}
13	73.78×10^{-3}	26	71.82×10^{-3}
14	73.64×10^{-3}	27	71.66×10^{-3}
15	73.49×10^{-3}	28	71.50×10^{-3}
16	73.34×10^{-3}	29	71.35×10^{-3}
17	73.19×10^{-3}	30	71.18×10^{-3}
18	73.05×10^{-3}	35	70.38×10^{-3}
19	72.90×10^{-3}	40	69.56×10^{-3}
20	72.75×10^{-3}	45	68.74×10^{-3}

附录10 不同温度下水和乙醇的折射率

t/℃	纯 水	99.8%乙醇	t/℃	纯 水	99.8%乙醇
14	1.33348		34	1.33136	1.35474
15	1.33341		36	1.33107	1.35390
16	1.33333	1.36210	38	1.33079	1.35306
18	1.33317	1.36129	40	1.33051	1.35222
20	1.33299	1.36048	42	1.33023	1.35138
22	1.33281	1.35967	44	1.32992	1.35054
24	1.33262	1.35885	46	1.32959	1.34969
26	1.33241	1.35803	48	1.32927	1.34885
28	1.33219	1.35721	50	1.32894	1.34800
30	1.33192	1.35639	52	1.32860	1.34715
32	1.33164	1.35557	54	1.32827	1.34629

注：相对于空气，钠光波长为589.3nm。

附录 11 甘汞电极的电极电势与温度的关系

甘汞电极	E/V
饱和甘汞电极	$0.2412-6.61\times10^{-4}(t-25)-1.75\times10^{-6}(t-25)^2-9\times10^{-10}(t-25)^3$
标准甘汞电极	$0.2801-2.75\times10^{-4}(t-25)-2.50\times10^{-6}(t-25)^2-4\times10^{-9}(t-25)^3$
甘汞电极 0.1mol/L	$0.3337-8.75\times10^{-5}(t-25)-3\times10^{-6}(t-25)^2$

附录 12 不同温度下 KCl 在水中的溶解热

t/℃	$\Delta_{sol}H_m$/kJ	t/℃	$\Delta_{sol}H_m$/kJ
10	19.895	20	18.297
11	19.795	21	18.146
12	19.623	22	17.995
13	19.598	23	17.682
14	19.276	24	17.703
15	19.100	25	17.556
16	18.933	26	17.414
17	18.765	27	17.272
18	18.602	28	17.138
19	18.443	29	17.004

注：此溶解热是指 1mol KCl 溶于 200mol 的水。

附录 13　KCl 溶液的电导率

（S/cm）

t/℃	c/mol · L^{-1}			
	1.000	0.1000	0.0200	0.0100
0	0.06541	0.00715	0.001521	0.000776
5	0.07414	0.00822	0.001752	0.000896
10	0.08319	0.00933	0.001994	0.001020
15	0.09252	0.01048	0.002243	0.001147
16	0.09441	0.01072	0.002294	0.001173
17	0.09631	0.01095	0.002345	0.001199
18	0.09822	0.01119	0.002397	0.001225
19	0.10014	0.01143	0.002449	0.001251
20	0.10207	0.01167	0.002501	0.001278
21	0.10400	0.01191	0.002553	0.001305
22	0.10594	0.01215	0.002606	0.001332
23	0.10789	0.01239	0.002659	0.001359
24	0.10984	0.01264	0.002712	0.001386
25	0.11180	0.01288	0.002765	0.001413
26	0.11377	0.01313	0.002819	0.001441
27	0.11574	0.01337	0.002873	0.001468

附录 14　一些电解质水溶液的摩尔电导率（25℃）

（S · cm²/mol）

c/mol · dm^{-3}	无限稀	0. 0005	0. 001	0. 005	0. 01	0. 02	0. 05	0. 1
NaCl	126. 39	124. 44	123. 68	120. 59	118. 45	115. 70	111. 01	106. 69
KCl	149. 79	147. 74	146. 88	143. 48	141. 20	138. 27	133. 30	128. 90
HCl	425. 95	422. 53	421. 15	415. 59	411. 80	407. 04	398. 89	391. 13
NaAc	91. 0	89. 2	88. 5	85. 68	83. 72	81. 20	76. 88	72. 76
$1/2H_2SO_4$	429. 6	413. 1	399. 5	369. 4	336. 4	—	272. 6	250. 8
HAc	390. 7	67. 7	49. 2	22. 9	16. 3	7. 4	—	—
NH_4Cl	149. 6	—	146. 7	134. 4	141. 21	138. 25	133. 22	128. 69

附录 15　常用参比电极电势及温度系数

名　称	体　系	E/V	$\frac{dE}{dT}/mV \cdot K^{-1}$
氢电极	Pt，H_2 ∣ $H^+(\alpha_{H^+}=1)$	0.0000	
饱和甘汞电极	Hg，Hg_2Cl_2 ∣ 饱和 KCl	0.2415	−0.761
标准甘汞电极	Hg，Hg_2Cl_2 ∣ 1mol/L KCl	0.2800	−0.275
甘汞电极	Hg，Hg_2Cl_2 ∣ 0.1 mol/L KCl	0.3337	−0.875
银-氯化银电极	Ag，AgCl ∣ 0.1 mol/L KCl	0.290	−0.3
氧化汞电极	Hg，HgO ∣ 0.1 mol/L KOH	0.165	
硫酸亚汞电极	Hg，Hg_2SO_4 ∣ 1 mol/L H_2SO_4	0.6758	
硫酸铜电极	Cu ∣ 饱和 $CuSO_4$	0.316	−0.7

参 考 文 献

[1] 孙尔康，张剑荣，等．物理化学实验［M］．南京：南京大学出版社，2009.
[2] 北京大学化学学院物理化学实验教学组．物理化学实验［M］．北京：北京大学出版社，2002.
[3] 张秀华．物理化学实验［M］．哈尔滨：哈尔滨工业大学出版社，2005.
[4] 庞素娟，吴洪达．物理化学实验［M］．武汉：华中科技大学出版社，2009.
[5] 王健礼，赵明．物理化学实验［M］．北京：化学工业出版社，2015.
[6] 李晔，韦美菊．物理化学实验（工科类专业用）［M］．北京：化学工业出版社，2013.
[7] 王芳，郝新奇．物理化学实验［M］．郑州：郑州大学出版社，2011.
[8] 谢修银．物理化学实验［M］．武汉：武汉大学出版社，2009.
[9] 邵水源．物理化学实验教程［M］．西安：西北工业大学出版社，2013.